リンゴの花が咲いたあと

木村秋則

日経プレミアシリーズ

はじめに

天文学の父と称されるイタリアのガリレオ・ガリレイは地動説を唱えたが、宗教裁判で異端とされた。当時は天動説が絶対だったが、ガリレオは「それでも地球は動いている」と言った話は有名だ。真理が認められるまでには相当の年月を要した。

いま私は肥料、農薬、除草剤を使わない自然栽培をみんなで進めていこうと提唱している。決して肥料、農薬が悪いわけではない。しかし、これらが、どれほど地球環境の汚染、破壊につながっているだろうか。温暖化や世界的な食の安全・安心の問題からも目をそむけられない時代だ。

私は無肥料、無農薬のリンゴ作りを始めてこの方、強いアゲンスト（向かい風）を受け続けてきた。肥料、農薬を使うのが世間の常識という流れに逆らう方向に進んだからだ。

それはある意味ガリレオの立場、境遇に似ているのではないかと思ったりする。新しいものが生まれるときの必然かもしれない。やがて百年、二百年後に「まだ肥料、農薬、除草剤を使ってやっているんですか」。そんな言葉が出てくることを夢見ている。

ずっと向かい風の中を歩いてきた。特に地元・青森県弘前においては、仕方のなかったことかもしれない。これまで無農薬、無肥料を試みてきたたくさんの人たちは煙たがられ、とりわけ地元では容赦なかった。もっとも、向かい風というのは人生の中でだれでも経験することだ。それに負ける人も利用する人も打ち克っていく人もあるだろう。

自然栽培を進める中で、さまざまな批判や苦労があったが、私は賛否両論、反対半分と思って生きてきた。時代はかなり変化して、このままの農業ではよくないという空気が世の中に確実に起きている。

そよ風、追い風、大きな被害を与える台風――さまざまな風があるが、抵抗が強くて歩くのさえ困難な向かい風の中で、自然栽培でリンゴが実現するまで十年、実ってからも販売で十年は苦しんだ。その間の試行錯誤からコメ、野菜、果樹、あらゆる作物で自然栽培を実現できるようになった。

もう三十年以上も前のことになるが、残った私の畑は任意売却に追い込まれ、一方で、収穫がゼロのため、その場しのぎで金を借りては家族に迷惑をかけてきた。一九八五年七月、「死んでお詫びをしよう」と覚悟を決めて、岩木山に登った。そのときばかりは、高いところ低いところお構いなし。ただひたすら山の奥へ奥へと、死に場所を求めて登っていった。

再びそこを訪れてみた。夜中によくあんな高い崖を登ったものだと思う。クマですら登らないような所だ。かつての放牧場のあとも、もう道という道が朽ちた木に塞がれ、草に覆われて見えなかった。水源やポンプも蔦に絡まれてしまっていた。

たどり着いて、ロープをかけて死のうと思ったリンゴにそっくりに見えたその若い木は、ドングリの木であったが、三十年の歳月を感じさせる堂々たるものになっていた。横枝が生長してもう手も届かない。珍しいことに脇にヤマザクラが並んでいたので、そのドングリの木の場所は忘れなかった。

すぐそばにクマの新しい糞があった。ハエが群がり黒くなっている。辺りに獣のにおいがした。クマが近くに潜んで、私の行動を見ていたのかもしれない。道なき道を登る途中、杉の木にクマの爪あとがあった。あのころクマは里には下りてこなかった。帰り道にカモシカと鉢合わせし、お互いびっくりした。

うちのリンゴ園にもカモシカが人を恐れず、すぐそばまでやってくるようになった。みんな避難し、私だけが気づかずに袋かけをしていたこともある。

女房の美千子が畑に一緒にいたときに、酢散布のための水を川から汲んでいると、ポリバケツがカサカサ鳴っていた。何だろうと思ったら、大きなサワガニだった。上にある畑も農薬、肥料をやめたため、川の水は飲めるほどに澄んできた。

隣の竹谷さんの畑では、四年前から弘前大学の杉山修一教授が、私のマネジャーである山根英明さんと二人で、実験農園としてリンゴ栽培を試みている。

どうもうまくいかないので、昨年から少しずつ木村農園の土を移植して、その土壌菌の働きを観察している。おかげでうちの畑にはずいぶん穴があいたが、実験だから仕方ない。

失敗の連続のどん底から生まれた生きる希望。それを教えてくれた山のドングリの木。いま、私は生きているから、こうして自然栽培を世界に広げるという夢の続きを見ていられる。

無肥料、無農薬のリンゴ作りをスタートした時、最初は周辺も同情的であった。そのうち、「できないんだからやめろ」とさんざん言われるようになった。私はそれを半ば無視して進んできた。そうした中での様々な批判、向かい風に対して、義父（美千子の父親である徳一）は衝立を立て、私の耳に入らないようにしてくれた。そのことは一生忘れられない。村の集会では義父は世間の笑い者であった。本当は私が勝手にやっていたことなのに、外では義父が一身に批判を受けていた。

自然栽培のリンゴが実ってくれたことは、義父と家族の協力以外の何ものでもない。改めて感謝の言葉と、本書を妻・美千子と亡き義父・徳一に捧げたい。

最後に日本経済新聞出版社の桜井保幸氏には大変お世話になりました。この場を借りてお礼申し上げます。

二〇一七年十一月

木村　秋則

目次

第2章　波乱の人生

第　1　章

木村、ガンを患う

私は誰、ここはどこ？

私はリンゴ畑で痴呆症のような症状に陥った。

「わ（私）だれだか？」

「いまいるところはどこなのか？」

何も分からなくなって、いつの間にか道路の交差点で立ち往生していたらしい。

車に乗って出かけたはずなのに、車を置いてそのまま歩いていた。

「家に戻らねば」。そういう気持ちだったと思う。

その畑は、自然栽培を始めて長いブランクの後、初めてリンゴの花が咲いたところではなく、家から歩いてほんの五分ばかりのところにある畑だった。

車を置いて歩き出したはいいが、場所が分からなくなって立ち止まってしまった。それも交差点のど真ん中だった。

通りがかりの顔なじみのタクシーの運転手さんが、「あれ、木村さんどうした？　このまだば車さ轢かれるよ」と言って、親切に自宅まで送ってくれた。

自宅で少し休んでいたら、正気に返った。まだぼんやりしながら、「わに、何あったんだ?」すぐ次女の江利が弘前大学医学部付属病院に電話をした。

主治医がおらず別の先生だったが、開口一番「起きたか?」だったという。

「まれにだけれど抗ガン剤治療で脳の血管に泡が出る人がいる。それが出たんですよ。大丈夫ですか。無理しちゃだめですよ。体からのシグナルです」

一日に七回ぐらい吐いた

私は二〇一六年の十月四日に胃ガンの手術を受けた。

一日に七回くらいも吐いていた。なぜ吐くのだろう?　でも吐くと、また何かしら食べられる。

「あれ、いま吐いたラーメンは、確かお客さんが来た時のものだ。ということは五〜六日も前のものが、まだ胃の中にあるということか。それにしては臭くないな」と思った。

普通ならもう腐敗しているはずだ。私には歯がないから、食事の時はほとんど丸呑みに近い。だからで胃での消化が頼みである。

生まれながら私の下腹は出ている。それなのにいまの自分の下腹を見ると凹んでいた。体の中で何が起きているのか？

そういえば、どんどん疲れやすくなった。

二〇一五年の年末辺りから、疲れて疲れてどうにもならなくなった。二、三歩歩くと休んで、また二、三歩歩く、その繰り返し。階段も一段上がっては休んで、やっと上る。

女房の血圧計を出して計ってみると、上は百七十近い。診療所の先生からは、「鉄分欠乏症」だと言われ、しじみエキスの錠剤を処方されたが、症状は芳しくない。

前年辺りからリンゴの木への酢散布中、伸びている草に足が絡んで転ぶことが多くなった。それ以前もたまに吐くことはあったが、転ぶようなことはなかった。なんでこう転んでしまうのか。

高圧で散布しているから、ホースをしっかり握っていないと大変なことになる。以前、ホースを離し、顔をしたたかにぶつけ、メガネが飛び、ひどい目にあったことがある。それくらいで酢の散布には強い圧力がかかる。私は転んでも、なんとか立ち上がり、必死にホースをつかんで作業を続けた。

娘の江利からは、「大丈夫なの、そんなに全国あちこち出歩いて何の意味があるの、自分のことをやっていれば、あとはいいんじゃない」とずいぶん言われた。

私のリンゴ畑は、常識を覆した、肥料も農薬も使わない奇跡のリンゴの〝聖地〟として、守り抜かなければならないという周囲の意見はもっともだと思う。

しかし、一方でこの自然栽培を全国、いや世界に普及させなければならないという思いがある。農業を変えなければならない。気候変動など環境問題も待ったなしだ。何とかしなくては、と気もあせる。双方を満足させなくてはならないというジレンマに陥って、もがき続ける自分がいた。

比べるのもおこがましいことだが、医師の日野原重明さんが亡くなる前、テレビでこう言っていたのが印象に残った。

「私の最大の仕事は地方での講演です。多くの人に命の尊さを知ってほしい。東京の病院での仕事もあるが、患者さんは許してくれると思う。命を燃やして最後の力を振り絞ってやっています」

日野原さんは百五歳の命が尽きるまで、医師として予防医学、終末医療の普及活動に尽くした。晩年の過密スケジュールの中での葛藤、ジレンマと戦いながら。想像もできない世界だが、私が抱えている悩みと少し似ているなと思った。

少しずつ荒れていくリンゴ畑

リンゴ畑が少しずつ荒れていくのが分かった。自分でも情けないと思うことがある。全国を農業指導や講演で頻繁に歩く前までは、私の畑にはもっと活気があった。私とリンゴの木との間で、自然と楽しい会話が生まれた。ところが、ほかの人に畑を任せ、出歩いて帰って来ると、こんな姿じゃなかったはずと、年々思うようになった。

二〇一五年、二つ違いの兄、豊勝が六十八歳で亡くなった。私もいつどうなるか分からない。だんだん年老いて歩けなくなる。この自然栽培を次の人たちにバトンタッチすることを考えなければならない。

そう思いながら、体は言うことを聞かず、毎日、毎日、何度も吐くようになった。

娘の江利には隠していた。しかし、すぐ気づいたようだ。

「お父さん、またトイレ？」

あまりに頻繁にトイレに行くのでのぞきに来た。

「吐いたんでしょう。病院に行きなさいよ」

全国あちこち、農業指導や講演に出歩いて久しぶりの畑たっだから、「あれもやりたい、これもやりたいし、いま袋かけが終わったら行くから」と、病院に行く決断がなかなかつかなかった。

たまたま朝から雨が降り続く日だった。

私は気分がとても悪く、我慢できなくなって腹を押したところ、塊があるのが分かった。それを再確認しながら「江利、病院へ行ってくるよ」と、家を出た。自分から病院に行くなんていうのは、めったにないことだった。それほど体調は悪かった。

近所の診療所で、先生に自分から「わ、ガンみたいなんです」と言った。

Tシャツを脱いでベッドの上に横になった。先生が触診すると、柔らかいコロコロするものがある。

「ああ、やっぱりこれがガンだな。もう逃れられない」と自覚した。

先生は、「すぐ手術が必要だ。紹介状を書くから」と、弘前大学病院に電話をしてくれたが、「ベッドに空きがない」と断られた。弘前市立病院に空きが二つあったが、特別室で高いとのこと。

先生は、厳しい顔つきで「それでいいか？　急を要する」と告げた。選択の余地はなかった。

「まぎれもなく胃ガンです」

紹介状にはガンの疑いではなく、「進行性ガン」と書かれていた。

私は入院の日も吐き続けた。ふとんもシーツも全部取り替え、「すまない」と落ち込んだ。

入院翌日から検査が始まった。

「健康診断を受けたことがありますか」

「一回もありません」

大腸、直腸ガンの検査で尻穴からカメラを入れられ、気持ち悪さが余計増した。

ＰＥＴ検査（陽電子放射断層撮影）では、「まぎれもなく胃ガンです」と宣告されたが、「肺や肝硬変には反応がありません」という。

担当医は映像を見せてくれた。

「ここがガンです。ただし、すい臓は手術してみないとわかりません」という。

担当医は『奇跡のリンゴ』の本人ということですごく優しく接してくれた。

「いま倒れたらダメだ。もっともっと青森県に貢献してほしい」と励ましてくれた。

手術日は九月二十四日と決まったが、そのあと担当医から全く何の音沙汰もなくなった。

娘が看護師さんに「何か準備するものがあれば」と尋ねると、「いやあ、きょう先生休んでいるので」という。

次の日、看護師さんに聞いても「先生、休んでいるんです」。三日目に担当医が倒れたという話を聞いた。なんと手術ができる状況ではないという。

自然栽培の仲間がやってきた。私の一大事を聞くと、すぐ「病院を移らなきゃ」と走り回った。市立病院の先生方も「大学病院で手術を受けた方がいい」と言い出した。

十六日に一時退院し、家に帰った。仲間のお陰で、弘前大学病院の入院が二十四日と決まった。

目の前が真っ暗に

一時退院中の九月十七日のこと。点滴だけで過ごしてきたために体力がなかった。朝、吐き気がしてよろよろと表に出た。リンゴを発送する選果小屋の前の砂利の上に座ったら、もう少しも動けない。

大きな屋外用灯油タンクの下にもたれ掛かった。すると一瞬のうちに、目の前が真っ暗になり、何も見えなくなった。

恐怖と意識が飛んでいく狭間で、娘の名前を精一杯の声で叫んだが、声にならない声だったかもしれない。が、かすかに娘に届いたのだろう。「どうしたの？」と家から娘が飛び出してきた。声が出ず会話にならない。

これでは危ないと思ったのだろう。すぐに救急車を呼ぼうとしたが、土曜日のせいか受け付ける病院が見つからない。

「行きつけの病院はありますか？　こちらも探して見ますが、あなた方も探してください」

幸い、娘が市の土日緊急受付の沢田内科医院に連絡すると、「すぐ来てください」と言われた。娘に抱きかかえられるようにして車に乗せられ、病院に向かった。

翌日、また同じような検査が始まった。超音波検査は体を動かすだけでもう限界だった。調べなくてももう分かっているのに「まぎれもなくガンです」とまた宣告された。

九月二十四日までこの病院に入院した。

ここまで至るのに、私の身体はもう惨たんたる状況で、歩くこともままならなかった。

弘前大学病院の病室に、やっとのことでたどり着くことができた。

角田先生という方が言った。

「あちらこちらから紹介状が来ています。慶応大学、九州大学などからも『絶対助けて命をつないでほしい』という内容です。こちらも全力を尽くします。手術は和嶋直紀先生が担当します」

自然栽培の取り組みの中で私は全国を回ったが、そこで知り合った大学の先生方からの激励のメッセージであった。

「和嶋先生はガンの手術を一年に何例もされている先生です」という声が耳に入ったが、意識は朦朧としていた。私は人間どころではなく「骸骨」になる寸前だった。

執刀医の和嶋先生からはステージ3と聞いていた。ところが、渡されたCTスキャンの写真の脇には赤ペンでステージ4と書いてある。

「本当は4だったのか。これはもう最後の最後、それ以上ないじゃないか」「ああ、これで終わりか」。ゾッとした。

よく見ると、写真の脇に「患者説明用」とあった。先生は女房にも「3」と伝えていたらしい。

やせこけた身体で講演

実は、そんなさなかの九月十四日、青森県八戸市で私の講演会が予定されていた。こんな身体ではあったが、キャンセルできる状況にはなかった。

以前、大手芸能事務所のマネジャーだった山根さんが、私の農業に賛同し、自然栽培の農家として、またマネジャーとして私の講演をサポートしてくれている。私は彼の車に乗って八戸の会場に向かった。娘も心配して付いて来た。

途中、十和田市内の焼肉屋に寄った。「もう最後の肉となるかもしれないから」と腹いっぱい焼肉を押し込んだ。山根さんは変な目で見ている。それから私は十分おきに吐いた。

会場は超満員だった。私はもともと歯がないから口から空気が漏れる。だから右足を半歩前に出して、腹から声を出さないと聴衆に届かない。一時間以上しゃべり続けるのはかなりの重労働だ。この日はとりわけ腹に力がこもらなかった。

しかし、やせこけた満身創痍の身体であっても、己の危機を感じ取って、あらゆる器官がフル操業し、私を支えてくれたようだ。とにかく〝骨皮筋衛門〟状態なので、聴衆はその姿を見ただけで私の異常に気づいたと思う。そうした最悪の中でも奇跡的によく声が出た。皆さんもびっくりされたのではないか。

弘前に戻ってきたとき、もう夜の十二時を過ぎていた。市立病院の近所のコンビニでサンドイッチと牛乳を買った。腹が減ってどうにもならない。食べている最中にも吐きながら食べた。悲しかった。

そのとき、兄がガンで亡くなったことをまた考えていた。

ガンで亡くなる前の兄を見ていたから、「もういい。どうせダメなんだ」と半分あきらめの気持ちがどこかにあったと思う。

兄は胃ガンだったが、転移して最後はすい臓の三分の一だけが残った。ウイスキーをよく飲んでいた。兄は延命治療を拒否して全身にガンが転移し、亡くなった。

市立病院の担当医師が倒れるハプニングもあって、手術の予定がずれたが、九州大学病院の先生が、弘前大学の和嶋先生と知り合いで、「早く手術した方がよい」ということで、十月四日、朝一番の緊急手術となった。

それまでに体力を戻さないと、とても手術できるような状況ではなかった。当初、九月二十八日に手術が予定されていたが、重症患者が入り先延ばしになっていた。私より重篤な人がいたということには複雑な気持ちだった。

看護師さんが「私が見えますか」と聞くので、何とかうなずくと、彼女は「ああ、よかった」と安心する。二時間おきに見回りに来て安否を確かめる。あとで聞いたら、「ダメかもしれない。ひょっとしたら手術前にダウンするのでは」と思われていたようだ。

早朝、看護師さんが突然入ってきて、「今から麻酔科に行きます」という。こちらはまだ心の準備ができていない。病院からの電話で妻の美千子も娘とともに車椅子に乗って駆けつけてきた。

朝八時、看護師さんも慌てていた。一年に二百回も手術をするという経験豊富な先生にこの身をお任せするしかない。

手術は無事済んだ。全身麻酔で何も分からなかった。すい臓への転移が一番怖かったのだが、胃のすぐ後ろにある沈黙の臓器・すい臓の膜をはがすのに一時間半もかかったのだという。これはガンに侵されていたからだ。

傷跡を縫うのはホチキスだった。これには驚いた。さらにＩＣＵ（集中治療室）から出ると、すぐ歩かせられた。痛いというより怖くて足が出ない。点滴の棒につかまっていると看護師が「五十メートル歩いてください」という。私の病室は病棟の一番端。とてつもない長い廊下をやっとのことでたどり着いた。

そのとき同じ村の人と廊下ですれ違った。すい臓ガンで入院していた人で軽く会釈した。しばらくして亡くなったと聞いた。

同じ部屋の隣のベッドの人は肺ガンの患者だったが、窓の外でタバコを吸っていた。その煙が病室に流れ込んできた。手術のためにせっかくタバコをやめたのに、また吸いたくなった。飴玉をしゃぶってじっと我慢した。

胃を摘出し、体重は二十九キロに

手術が終わり、私は歯がないだけでなく、胃も胆管もなくなった。

和嶋先生が切り取った胃のガン細胞を見て、「ガンが発病して五年だな」と断言した。ガンは一年に二ミリから三ミリのペースで細胞内に浸潤していくという。ガン細胞を見て計測すると分かるのだそうだ。

切り取った胃の重さを量ったら七キロあった。手術前はがりがりに痩せて体重は三十六キロしかなかったから、術後は差し引き二十九キロしかなかったことになる。手術が遅れたのは、あまりに痩せて、点滴でしか栄養を補えなかったからだ。その点滴の水分すら吐いた。

このガンは、大腸に転移する性質があったという。しかし、ガンは大腸に行かずに胃をバックして十二指腸にも行かず、胃の中に留まった。レントゲンを見てみると腸を切ってつないであるのが、その通り見えた。

幸いにもすい臓への転移はないと言われ、ホッとした。ガンの手術をして、ある意味、生まれ変わった気持ちになった。体の一部品がなくなり、人造パイプで五カ所もつなげられた。しかし、悪い部分を除去したことで、三十代、四十代の気持ちがわいてきたから不思議である。

リンゴの腐乱病は人間のガンのような病気だ。しかし、自然栽培のリンゴの木は自分が病に侵されたことを精密に計算している。ガンの部分には栄養が行かなくなる。その分、違う枝に新しい葉が生えて全体の栄養を補おうとする。私もリンゴと同じようになりたいものだ。

手術からさかのぼる一カ月前の九月三日、岩手県遠野市で中洞牧場（山地酪農）の中洞《なかほら》正さんらとの講演会「成功するまで失敗し続けた男たち」があった。台風十号の襲来で中洞牧場がある岩泉町は大水に飲み込まれ、多くの死者も出て、開催も危ぶまれたが、どうにか間に合った。

私といえば異様にやせこけていたから、昔からの仲間である中洞さんは、すぐ私の異常に気づいただろう。私は病名を隠そうとしていた。

私は常日頃から壇上で、食物の関係でガンが増えていると訴えていた。自然栽培をやっている私が、自らガンだと言うのは、ものすごい抵抗があった。言いたくなかった。

だから私は手術をせず、秘密にしようと思っていた。胃潰瘍ということでごまかそうとしたのだが、中洞さんは、「何でもいいから早く入院して処置すべきだ」と強く言った。というより懇願された感じだった。あれで私の踏ん切りがついた。

入院してからも、他の人には胃潰瘍と言おうと思った。でも、こんなに長く入院するはずがない。ごまかしてもいつかは分かるだろう。

弘前大学の和嶋先生に、最初「内視鏡手術でできますか」と聞いたところ、先生は即座に「そういうレベルじゃない」、「あなたはあまりに（ガンを）育て過ぎました」と言われた。これで逆に、なんだか気が楽になったのを覚えている。

入院しても畑が気になる

一時退院と転院も含めると、九月五日から十一月二十四日までの長期入院となった。

入院中は畑が気になってどうにもならなかった。マネジャーの山根さんや娘には「そんなの考えなくていい」と言われたが、やはり気になる。「写真を撮ってきてくれないか」と頼んだが、なかなか実現しない。

入院中はまさにリンゴの収穫期だった。気になるのは当たり前である。収穫期がそろそろ終わる頃になって、山根さんに「終わったか」と聞いたら、「まだです」と言う。「今年はずいぶんしばれ（寒さ）がきついなあ」と私が言うと、「そうみたいです」と、明らかに何かを隠している。

実はリンゴが寒波で凍ってしまっていたのである。一部は凍って腐りかけて落下してしまった。

近所の田村さんが見舞いに来てくれた。畑のことを聞いても何も言わない。「ああ、これはひどい状態になっているな」と確信した。案の定だったが、自分は何もできない。退院して早く畑に行かなければと、ただそればかり願った。

巡回に来る担当医の和嶋先生は、例の調子で「忘れてください」と笑いながら軽く言う。不安が募った。体につながる二本のパイプを止めていたホチキスが外れ、ベッドに落ちた。麻酔なしで修繕した。痛くて飛び上がった。

体重の増減。持病の低血圧を脱して上の血圧が百三十になった。そういうことを日々の小さな喜びとして、ベッドに持ち込んだパソコンに書き連ねた。

しかし、リンゴで迷惑をかけてはお客さんに申し訳ない。思いはそこに至る。娘も一生懸命やってのこと、仕方ないと思い、あきらめるしかなかった。後から段ボールでわずか百ケースしか発送できなかったと聞いた。

それより、もしものときのことを考えなければならなかった。「早く子供たちに生前贈与をしないと」と書いた。兄が何もしないまま亡くなったものだから、いつ死んでもいいように準備しておきたかった。

苦労をさせた女房には、バリアフリーの家を建てて死んでいきたいなと思った。ネコにはがされた戸の張り紙もずっとそのままだ。女房はリハビリが進んで、だいぶよくなってきたから、とにかく家を建てようと、少し気持ちは前向きになった。

腹の立つことが少なくなった

その後、経過は順調と言いたいが、抗ガン剤の強い副作用で痴呆症状が現れることがあり、無理はできない。

しかし、私の髪の毛は抜けず、これでいいのか？　と思うこともある。先生も驚いていて「信じられない」と言う。

「ガンに感謝している」と軽々に言うのははばかれるが、十七年間、低血圧で苦しんできたのに、術後、正常に戻って驚いた。先生には「精神的ストレスを持たないような生き方を心がけて」と言われた。そういえばガンの手術のあと、腹が立つことが少なくなった。大概のことはそれはそうだろう、と思えるようなった。

翌年の三月七日、抗ガン剤治療から退院するや、病院の帰り、気分転換のつもりでスマートフォンを購入した。一苦労しながらも、このツールで気を紛らした。

抗ガン剤のために痴呆症状が出たのは、一人でリンゴ園にいるときのことだった。あとで思ったが、この症状がもたらす行動は、健康な人には全く理解のできないことだ。私の場合は、住んでいる家に帰ろうとしたが、私のおばあさんは、生まれた場所に戻ろうとしたという。

おばあさんは隣町の相馬村（現、弘前市）というところから岩木に嫁に来たが、私の住んでいる家の前の道路は江戸時代から相馬村と通じている道路である。おばあさんはこの道を通って嫁に来た。

兄から電話が来た。「ばあさんが、すぐそこ歩いて行くから」と。何度も同じことを繰り返している。私が家の前で待っていたら、おばあさんが背中の風呂敷にいっぱい荷物を詰めてやって来た。

おばあさんに「わ、（相馬に）乗せで行くよ」と言って、兄の家に車で連れて行った。「やっと着いた」と言って。帰巣本能というのだろうか。自分の生まれたところがきちんとインプットされて、忘れることがないのだ。

「一寸の虫にも五分の魂」というけれど、まさにわがリンゴ畑のあのハマキ虫でさえそうなのだ。木に一個、卵を見つければ、必ずそばにもある。穴が開いたのはそこから出てもういない証拠。そうでない卵は落とさないといけない。

ほんとに小さな卵だが、五十四以上生まれてくる。みんなきれいに縦一列に並んでいる。一般生産者はそういうところをあまり見ないし、卵自体を見分けられないことが多い。彼らも先祖代々この木に生き続ける虫ではないか。消えてはなくなり、また同じ所に現れる。

苦労の先にまた次の苦労

無肥料・無農薬でリンゴを栽培することは、自ら底知れぬ苦労に向かっていくようなものだった。いつになったらこの苦労がなくなるのかと思った。しかし、「これは私の仕事なのだ」と思えば、苦労を苦労と感じなくなる。その中に喜びを感じることもある。

リンゴで食べられなかった時代には、様々な出稼ぎ仕事をしてきた。これまでやらなかった仕事と言ったら、泥棒と詐欺師くらいかもしれない。以前勤めた会社がある神奈川県川崎市の近くで、港湾の荷揚げ作業の日雇いをしたこともある。近頃ずいぶん空気がきれいになり、川崎は住宅都市に生まれ変わったと聞いて驚いた。

東京の神田ではリヤカーを引いて段ボールの回収をしたこともある。長距離トラックの運転手。キャバレーのボーイと深夜のトイレ掃除。建設会社の下請けで新幹線のレール交換の補修工事。冬の出稼ぎで、北海道では零下二十度の山奥で伐採の仕事をして、道内をくまなく歩いたこともある。

苦労は必ず実る。家族は必ず幸せにする。そう信じてやってきたが、やっとその芽が出たと思ったらもう、また次の新たな苦労が始まるのは人間として生まれた性なのかもしれない。

新潟の講演でのこと。私はホテルを予約するのをうっかり忘れた。あちこち探したけれど見つからず、夜になってようやく柏崎にあるお寺に泊めてもらった。一泊千五百円という安さだった。

親切な住職が付き合ってくれて、一杯やりながら奥さんと三人での会話となった。壁を見ると気になる絵が飾ってあった。

「あの絵はどんな絵なんですか。ひどく悲しんでいるように見えますが」と言うと、住職は

「そうなんです」とうなずいた。

「あれは親鸞聖人があちこち布教に歩いて泊めてくれる宿がなくて断られている絵なんです」

「はあー」と息をついた。親鸞ほどの人が、そんな苦労をしてあちこち浄土真宗の布教に歩いたのだ。こんな話を聞いて、私なんかまだまだ苦労が足りないなと思うようになった。

しかし、いざガンになってみると、もう少し体を養生しないといけないな、と思うようにもなった。担当医師から「いまなった病気じゃなくて、もう五年以上育ててきていますね」と言われたからだ。「あまり出歩かず養生しなさい」ということか、と思い直した。

リンゴの木は許してくれるかな

ところが、ガンどころではない、自分の体のことなんか言っていられない、新たな展開が次々起きて私も困惑している。

自然栽培を教えてほしいという中国からの依頼や、農業と社会福祉の合体というべき「農福連携」が大きく動き出したのだ。自然栽培は大きな転換点を迎えている。農業の神様はまだまだ普及活動が足りないと言っている。私は生きるか死ぬかの大きな人生の岐路にあるというのに、なんという不思議なことなのだろうか。

農福連携で頑張っている若い佐伯康人さん（「自然栽培パーティー」を主催）に、私の代わりに全国を歩いてほしいとお願いした。そういう佐伯さんも、指導の旅の途中で突然倒れて入院したりしている。

私は、毎回出先で同じことを聞かれるのがつらくなった。もう少し本を読んで、勉強してくれたらと思う。

私の本をよく読めば書いてあることだ。そう言っても「豆は何センチ離して植えるんですか、どこに植えるんですか」。栽培塾に行ってもまた同じ質問がくる。

新潟では塾のOBの方々が、私がいなくても大丈夫なように指導している。教える人も勉強になる。自然栽培で先を行く岡山でも、そういう方法をとっている。

できる人、能力のある人は自分のことだけでなく、教えに歩いてほしい。

私は、もう昔ほど体力がないから、いつも二人の自分がいて葛藤しているが、最近は講演に行けば講演モード、畑にいれば畑モードと、ストレスのないように自分を保っている。

これまでだと判断するのは自分なのだけれど、やはり出かける方に気持ちが行ってしまう。帰って来てあれをやろう、これをやろうと思うけれど、体は思うように動かない。無理がきかなくなった。

岩手県遠野、宮城のJA加美よつばなど、出歩いた初期から金銭のために行動したことは一度も無い。中古の自家用車に乗って自然栽培を広めたくて何とか通い詰めた。こうして種をまきながら、全国を歩いてきた結果、少しずつだが花が咲いてきたのがいまの姿だ。

岡山のNPO（岡山県木村式自然栽培実行委員会）は、もう満開に近い、まだ中途半端のところもあるが、加美よつばなどは独自の自然栽培の世界を広げつつある。寿司米としては最高のササシグレの復活を遂げたことに対し、農業協同組合の専務理事が深々と頭を下げて、感謝の気持ちを表してくれたことがあった。陰口にも耐えて普及に努めた。だから、そのことは忘れられない。

秋田の大潟村で講演を頼まれたとき、私は開口一番、「皆さん、この会場まで何で来られました？　みんな自動車でしょう。その車だれが買いましたか？　自分で購入したわけですが、そのお金はだれが作ってくれましたか？　みんな、おコメでしょう。皆さん、おコメに感謝したことがありますか」と言った。

最初はみなさん驚かれると思う。でもそこが自然栽培の哲学、大切なところ。「どうか皆さん、いま一度、おコメのために頑張ってほしい」と農家の人に呼びかけて終わった。

全国を出歩いた一方で私のリンゴ畑は確かに荒れた。しかし、勝手な想像ながら、私のリンゴの木は喜んで許してくれるんじゃないかと思う。「今度、必ず復活させますから許してください」とリンゴの木には伝えている。もちろん、やれる自信がある。

外の講演を月に三回までにすれば、もっとリンゴに手をかけられる。「本気で戻そう」と雪の残る一月から剪定に入っている。

リンゴたちにちゃんと手をかけなければならない、私はそれでガンになったんじゃないかなと思ったりもする。だから病院では「ガンに感謝」とパソコンの日記に書いた。気がついたことをそのたびに一日何回も書いたが、多くはリンゴとの対話に費やされた。

お詫びの手紙を書いた

二〇一六年、全国を歩いていたためにリンゴの収穫が遅れてしまった。なんと十一月二十日の収穫となった。さらに、ドカ雪に見舞われ、畑に行くことができなかった。大雪は三日も続いた。毎日八十センチ積もった。ようやく雪の勢いが収まったころ、親友の太田昭雄さんがショベルカーで除雪に入ってくれた。

これでリンゴを少し収穫できたが、再び雪が降り出した。十二月八日まで雪の中で一部を収穫した。零下八度だった。次の日もまた次の日も零下十一度まで下がった。リンゴは破裂し、商品にならなくなった。

二〇一四年にも十二月八日に収穫をした。大雪と大寒波の襲来。無理してリンゴを収穫した。軍手でリンゴに触るとくっついてしまい、みるみる変色していく。凍ったリンゴには手が付けられない。赤いリンゴが茶色になってしまうのだ。

二〇一五年は雪が少なかったが、零下十五度まで下がり、リンゴが凍ってしまった。リンゴを発送できなかった年には、お客様にお詫びの手紙を出した。

お客様の皆様に深くお詫び申し上げます。

2014年12月

収穫最後の品種＝ふじですが、平年であれば11月下旬には全て終わり、お客様に発送を始めているが、今年も病害虫少なく順調な生育が、8月の長雨が悪影響を及ぼし、9月下旬頃から落葉がおきて味が良くなく収穫を遅くして完熟させようとしたが、津軽地方では珍しい連日の大寒波で大雪を繰り返し収穫前のリンゴが凍ってしまいました。凍ったリンゴは収穫できず、12月21日大勢の応援でやっと終わり、今自然解凍しているが時間要し、年末も近づく為にせっかくお客様からいただきましたご要望に答える事が出来ず誠に申し訳ありませんが、苦渋の思いで年内発送中止する事にしました。正月明け後、選別して果肉の異常、食味など考慮の上、対処する気持ちです。来年は異常気象に負けないように気持ち引き締めて頑張りますので、今年の状況御理解下さるようお願い申し上げます。

木村　秋則

お客様

2016年9月

毎年大変お世話になりありがとうございます。

（平成）26年、27年と2年に渡り最後の収穫品種〝ふじ〟が収穫時期が来ても味が悪く、遅い収穫を続けたが、異常寒波で凍らせ、生果実は勿論、ジュース加工も出来ず、皆様へお届け出来なくなりご不便お掛け致しましたこと深くお詫び申し上げます。

歯止めのかからない温暖化の影響と思われる異常気象が今年も当たり前の感じする年で連

日体温を越す気温、雨が降ると記録を塗り替える程の集中豪雨になり大被害の発生がニュースで報道され心が痛みます。被災されました方々にお見舞い申し上げると共に一日も早く元気を取り戻して欲しいとお願い致す次第です。

今年の春は近年にない程に積雪少なく農作業が追いつけない程早い春を迎えました。喜びは束の間、リンゴの開花期に寒波・長引く雨天と最悪の天気が原因でリンゴ黒星病が弘前一帯で激発、一般生産者は徹底した農薬散布で防除、私は食酢散布で対処したが、何処の畑でも大きな被害が見られます。今年はこの様な状況の中で程度の軽い黒星病の被害果実の混入をお許しくだされば幸いに存じます。

敬　具

愛情不足と異常気象

黒星病も三年連続で発生していた。これはリンゴの木に愛情が欠落していたから、こんなことが起きたんだなと猛省した。初めての経験だ。異常気象の現れでもあるが、間違いなく愛情不足。かつて十二月二十四日に収穫したこともあるが、商品としても問題はなかった。

しかし、私だけでなく津軽一円が寒冷、冷涼、多雨、多湿に襲われた。「弘前さくらまつり」が終わり、リンゴの花が咲き始めたころから天気が崩れた。雨、雨、シトシトと二週間、降り続いた。

家から近い畑は晴れ間を見てすぐ酢散布を行ったが、三日のちに別の畑で散布したところは手遅れになった。雨が降ると、酢の散布は意味が無くなる。

弘前のリンゴ園でも農薬を散布するスプレーヤーが雨で走れなかった。ほぼみな半作で終わった。リンゴの単価は高くなったが、収量がない。売り上げが落ち込んで、鍛冶町などでは街を出歩く人を見かけなかった。

異常気象と言われる現象が、近年、顕著に現れて来た。

被害の多くは晩成種の〝ふじ〟だけに、大規模農家ほど大変だった。十八ヘクタール全部を凍らしたという農家もある。ジュース加工に殺到したため、受け付けられないリンゴも出てきて廃棄処分にされた。

木村農園もお詫びを出して年内は発送できません、とお断りしたが、「小さいリンゴでも」という方のために、久しぶりにアヒルの卵のパックに入れ、一部を送らせていただいた。何

大寒波に見舞われたリンゴ畑

十年ぶりだろうか？

気持ちは長渕剛の『とんぼ』の歌詞の心境。

「ああしあわせのとんぼよ　どこへ」だった。

昔、早くに葉っぱが落ちてしまい、小さいリンゴしかならかったとき、まだ味が乗らないけれど、野積みしておけば熟して結構甘くなった。

箱に積んでシートをかけて、リンゴの入っていない空箱は外側に置き、真ん中にリンゴの入った箱を置く。そうするとリンゴは凍らないだけでなく、結構いい味になる。リンゴは呼吸して自らを熟してくれる。

最初、娘は小さなリンゴを加工用に回すために、少々手荒く扱っていた。お店に並んでいるような大きなリンゴでないと、商品にならないという気持ちがあったのだろう。

去年のリンゴは結構大きかったのだが、大きいものほど凍って、小さいものだけが凍らなかった。昔のリンゴはそれよりさらに小さかった。

ドイツなどのヨーロッパ諸国だったら、ランチに持って行くのにちょうどいい大きさだ。ヨーロッパではむしろ小さなリンゴのほうが普通で、リンゴは貯蔵の利く野菜という位置づけだ。ドイツではリンゴをサラダに使う。ムツというリンゴを摘花もせずに成るだけ成らせる。

「このリンゴは来年も花が咲くんですか」と現地の農家の方に尋ねたら、「来年は花が咲かないので全く休んでしまいます」という答えだった。

娘たちも、この小さなリンゴの熟し方を知り、「本当においしくなるね」と驚いていた。せっかく実ってくれたのだからという思いは、どんな大きさのリンゴに対してもある。

異常気象や私の愛情不足で、また昔に返ったような小さいリンゴができてしまったのだが、このことをきっかけに、「きちんとしないとな」と自分を叱咤した。また、娘たちに「こんな大きなリンゴがとれたよ」という喜びを味わってもらえればと思っている。

コラム　自然が育てた夢のリンゴ

一九九二年二月四日のこと。日本経済新聞朝刊の文化欄のよみものに掲載していただきました。これほどうれしいことはありませんでした。中学校の恩師にその掲載紙を届けたら、本当に喜んでくれてこれまでの苦労が吹き飛ぶ思いでした。忘れることのできない思い出です。私の住んでいた岩木町は弘前市に編入されるなど、いま読むと時の流れを感じますが、この記事を通じて、まだ小さかったリンゴを買ってくれた方のことを思い出します。

その記事を日本経済新聞社にお断りして掲載いたします。

リンゴが無農薬、無肥料で栽培できるというのは現代では夢物語のように思えるかもしれない。しかし、自然栽培を実践して十三年目、ついにその夢が実際のものとなりつつある。

私は青森・津軽の岩木山のふもと、岩木町で二・七ヘクタールのリンゴ園を経営している。かつては他の農家同様、農薬を年に十八回から十九回もまいていた。その結果、強い農薬の手散布で私だけでなく家族までが目がはれたり、皮膚がただれるなど悩まされ続けた。夏場のあまりの過酷な労働に何か所か散布せず手抜きをしたが、それでも秋にはリンゴは実をつけてくれた。それならこのまま農薬でいけるのではと思い立ったのが始まり。昭和五十四年（一九七九年）、二十九歳の時のことだ。

そしていっそのこと無肥料でやってみたらどうかと決心した。というのも以前から生態系農業に関心をもち、二十四歳の時から本を頼りに独自のたい肥作りに取り組んできたが、そのたい肥も目に見えて効果がない。これは〝たい肥迷信〟ではないかと疑い始めていた。山の自然は肥料も何もやっていない。落ち葉、枯れ枝が朽ちて微生物が分解して土作りをしている。リンゴ畑にこれを利用したらどうだろうか。

まず下草を刈ることをやめた。人為的だからだ。すると草はものすごい勢いでわきの下まで伸びた。周辺の農家は「木村は畑を捨てた」と思っただろう。だれが見ても粗放状態だった。畑ではウサギが自由に跳ね回る。テンはいるはイタチはいるは小動物の宝庫と化した。しかし、夏場、かんばつでも土は乾かず、草もだんだん変わって水田のあぜ道にできるミズソバが生えてきた。土も柔らかくなってミミズが大繁殖した。

ミミズの土壌改良力はすごいものがある。試しに一匹捕まえてどれくらいフンをするものかと見るとなんと茶わん一杯もあった。土の上で草をかき分けて土のにおいをかぐと山の土のようなツーンとしたにおいがする。土は握って手で押すとサラッと崩れる。ほとんどミミズのフンからできていたものだ。リンゴの木は自然の山の木のようにコケまで生えてきた。キノコもついている。「やっぱりそうなんだ」と独りほくそ笑んだ。完全に自然栽培ができるのではとの予感だった。

だが、そういう状態になるまではいばらの道で、六年間というリンゴ無収穫時代を伴った。一ヘクタール七個という時もあった。木は斑点落葉病のため七月末からバラバラと黄色くなって葉が落ち、枯れ木になった。普通であれば春に花咲くところが私の畑はまた冬が来たのかと驚いて九月にまた花をつける異常ぶり。泥をかけたり、ニンニク、タマネギ、片栗粉、人間の食べるものなら何でも試した。

虫も大発生した。取っても取っても減らないどころか、増え続けた。最初は手で全部つぶした。しかし、こっちの木が終わったと思うとそっちの木ときりがない。家の金も底をついた。夕方、弘前まで出て、キャバレーの呼び込み、便所掃除と朝まで働いた。妻が迎えに来るという生活だった。近所からは「カマド消し（財産なくし）だから相手にするな」とあいさつする人もいなくなり、回覧板も家を越して隣へ行った。

しかし、自然はよくしたもの。天敵が出現したのだ。ダニを食うダニが出てきた。草カゲロウの幼虫がアブラムシを手当たり次第に食べる。その幼虫を食べる名もない虫もいる。最大の益虫は多くの種類のハチだった。害虫が発生して遅れて益虫が来る。一緒に出てくればありがたいのだが、自然界のおきては残念ながらそうなっていない。

失敗の中から、試行錯誤しているうちに秋になっても葉が落ちず病気に耐えるようになってきた。観察の結果、土の温度と草の関係がわかってきた。病気が発生しやすい夏には、伸びた草が地温が上がるのを防いでいてくれたのだ。土の温度が上がると木が弱って病気に侵されやすくなる。ただし、日光の弱い春と秋の初めには下草を刈って日光を当て微生物の働きを活発にする必要がある。

昭和五十九年（一九八四年）には大豆を畑一面にまいてみた。大豆の根りゅうバクテリアは空気中の窒素を固定させ、土を肥やす。肥料、たい肥がいらず地力が高められる。これだと思った。秋田の大潟村から買った飼料用大豆二十キロ袋を二十三袋まいた。

リンゴ畑が大豆畑に一変。芽が出て、もやしのような大豆が豆をつけ密生した。ハトが胸を膨らませてあさる。隣近所からは「リンゴをやめて豆腐を売るのか」と笑われた。豆の木は固い。春これを刈るのは大変だろうなと思っていたら、一冬越えて、豆の木一本残っていなかった。ネズミが全部かじって粉にしてしまっていたのだ。

翌春、畑一面にリンゴの花が咲いた。隣の人も「やっと木村の木に花が咲いたよ」と我がことのように喜んでくれる。私ももったいなくて摘花もためらうほどだった。

最初はゴルフボールくらいの大きさのリンゴだったが、順調に大きくなっていった。しかし、秋になっても熟さず、デンプンくさい味のない青いリンゴしかならない。大豆をやって五年目、豆の窒素分がリンゴが必要な七－八月ではなく十月に効き始めていることがわかった。そこで思い切って大豆を休んでみた。リンゴは正直だ。休んだら徐々に養分が吸収され、リンゴに蜜が入っていくではないか。形は不ぞろいだが、味では負けないリンゴが出来た。

一時は家族もバラバラになる危機もあった。無農薬をやらなかったらこんな苦しみを味わうこともなかったろう。〝養子〟の分際でよくここまでやれたものだ。どん底時代、妻の父親は黙って退職金を二百万円前借りして生活費の工面もしてくれた。だれからも相手にされない時ただ一人、「どうしてる」と尋ねてきて作業を手伝ってくれた近所の自動車販売の太田昭雄さんという人がいた。

私の自然栽培を理解してくれる個人の消費者の支えもうれしいものだった。業者だったらとっくに打ち切られた注文も「まずい」といいながらも続けてくれた。「だんだんおいしくなりました。あのころまずかったね」。砂糖をつけて食べた人もいるという。

隣接農園も農薬の散布回数を大幅に減らしている。勉強仲間には私のたくわえたすべてのノウハウを伝えていくつもりだ。最後に私の経験から言うと、一挙に無農薬栽培に切り替えず、徐々に切り替えることをお勧めする。

（日本経済新聞一九九二年二月四日付朝刊）

第　2　章

波乱の人生

集団就職列車で永山則夫と同席に

一九六八年（昭和四十三年）、私は大混雑の弘前駅から集団就職列車（急行津軽）に乗って上野へと向かった。汽車の窓のレバーを押し上げて外を見ると、駅頭は帽子をかぶって黙りこくった不安気な学生でいっぱいだった。

私は青森県立弘前実業高校を卒業し、神奈川県川崎にある自動車部品メーカー、トキコ（現在、日立オートモティブシステムズ株式会社）に就職することになった。ディスクブレーキやショックアブソーバーを製造する会社で、車やオートバイのエンジンが好きな私にはぴったりの会社だった。

上野まで十三時間くらいかかっただろうか？　青色の座席はほとんど板敷きのようなもので、最初はよくても長時間座っているには大変な辛抱を必要とした。

私の隣に座っていた人は途中で降りた。斜め前の席には途中から乗ってきた人が座った。私は学生服だったが、その人はビートルズが流行らせた黒のグランドコート（グラコン）を着ていた。

最初は何の会話もなかった。私は窓の外の景色をぼんやり眺めていた。列車内の乗客はお腹がすいたのか、弁当やおにぎりを食べ始めた。私も食べようかと思い、斜め前の人を見たが、何かを食べる様子はない。

おふくろが作ってくれた巨大なおにぎり二つ。普段、畑の昼飯として持っていくようなビッグサイズで、中にはいまも大好きな、しょっぱいマスの切り身が入っている。一人だけ食うのも気になって、前の人に一つ差し出した。

この人は何もしゃべらず、静かにしていて受け取らない。

もう一度言った。「かねが（食べませんか）？」

すると、ニコッと笑って大きなおにぎりを受け取った。

食べたあと、「ありがとう。めーな（うまいな）、なんかよう、久しぶりに（うまいものを）食った感じだ」と言った。しばらくして少し打ち解けたのか、「自分は板柳《いたやなぎ》から乗った」と言った。

私が見るに自分よりも年がいってないようで、中卒の子だろうと思った。しかし、会話の中で「最初、中学の集団就職で上京し、そのあと何回か、東京に行ったり来たりしている」

と話した。

狭い座席に斜めに座り、ひざがつくほどの距離だ。あまりしゃべらない。回りの人たちは床に新聞を敷いて寝転がったりしていたが、私は肘掛けに肘を立てて寝もせず、これからどんな人生が始まるのかと、不安と希望を交錯させていた。この男も肘を立てたまま、視線ははるか遠くを向いていた。

私の学生服の肩には、東京に着いて会社の人が間違わないようにおふくろの手でブルーの肩章が縫い付けてあって、「トキコ、三上（旧姓）秋則」と書いてあった。彼は、私の肩の辺りを見て、「秋則というんですか。則、同じ字だな」と言ったのをはっきりと覚えている。

やっと八百キロの長旅を終え、終着駅の上野に着いた。

互いに「うん、へば（ではまた）」と分かれた。その男とはそれっきりだ。

このおにぎりを分け合った男が、まさか連続ピストル射殺事件を起こした永山則夫だったとは思いもよらなかった。永山は東京・渋谷の専門学校に窃盗目的で進入し、逮捕された。

テレビのニュースで写真を見て、「あれ、あの男かじゃないか」。すぐに分かった。

一九四九年生まれだから同い年である。彼は一九六五年（昭和四十年）に一度集団就職で東京・渋谷の高級果物店に就職している。さまざまなことがあって不遇な人生を送り、再出発のために一度、母のいる板柳に戻って、出直しのために東京に向かっていたのではないか。それが、まさかこれほどの事件を起こすとは。

永山は、北海道網走呼人《よびと》番外地で八人きょうだいの七番目の子（四男）として生まれた。父は腕のいいリンゴの剪定師だったという。博打で身を持ち崩し、家庭崩壊。五歳のときに母は子を置き去りにして実家のある板柳に逃げ帰った。やがて永山も板柳に。母はリンゴの行商で生計を立てたという。リンゴの村出身という身の上も気にかかり、私の心に残った。

九七年に永山の死刑が執行された。永山は獄中で手記『無知の涙』を書き、その生涯は映画にもなった。もう半世紀も前のことになるのかと驚く。

自分もその後、なぜか波乱万丈の人生を送っている。だから永山のような人間と出会うのかもしれない。私の人生、私が会う人、会う人、みんなドラマのようである。女房に永山則夫のことを話したが、全く信じてもらえなかった。

トイレの縁で常務にかわいがられる

上野に着いたらトキコの人事課の人が迎えに来ていた。雑踏の中で、肩章を見て「おお、三上君か」と声を掛けられた。

高校時代、簿記1級の資格をとり、残念ながら税理士試験は一科目及ばず不合格だったが、数字に強いということなのか、私は原価管理課に配属された。

入社してしばらくしたある晴れの日、トイレで横に並んで用をたしていた人が、「きょうは雨が降ってるね」と言ったので、私は何を言っているのかこの人はと思って、「いや、晴れてますよ」と答えた。たったそれだけのことだが、このトイレの縁でその人に特別目をかけられることになった。

その人は常務の重松さんだった。原価管理課は建物の構造上、役員トイレと共用になっていた。

そのトイレの会話から何分もしないうちに勝又課長が顔を真っ赤にし、「三上――!」と叫びながら、「おまえ、何かしたのか」と飛び込んできた。

数日前に、水虫がかゆくてたまらず、水の入ったバケツに足を入れていたら「電話です」と言われ、慌てて立ち上がると、水の入ったバケツが豪快にひっくり返った。

会社の床は学校の校舎のような板敷きで、水は即座に床に吸い込まれていった。よりによって、水は階下の総務部長の机の上にしたたり落ちたから、大変な騒ぎになった。私は怒られるどころではなかった。

課長は「また、いったい何をしたんだ」という表情で、「常務が三上君に会いたがっていると、部長が言っている」という。私はわけもわからず、常務室に出向いた。当時のサラリーマンの上下関係は、今とは比べ物にならないほど厳格だった。

この常務さんというのは、とても偉い存在で、部長は頭を下げたままツツツと腰を低くして常務室に入っていった。

私は上下関係に全く頓着しない性格だから、それほど平身低頭することなく、へらへら入って行くと、部長に思い切り頭を押さえられ、部長と同じ格好にさせられた。

「ただいま参りました」と部長がへりくだる。

常務はニコニコし、「ああ、よく来た。部長はいいよ。私は三上君に用があるんだ」とさりげなく言う。部長は「分かりました」と、去っていくときに「粗相のないように気をつけるんだぞ」と私をにらみながら、きつく言い渡し、出て行った。

常務はニコニコと笑っている。

話は何なのだろう。私はいぶかしい思いでいたら、常務は「君は正直だ」と言った。私はトイレの横の人が常務と知っていたら、「はい、そうですね」とか、お追従のようなことを言ったかもしれない。自信はないけれど。

それが縁で、常務は時々、原価管理課に顔を出して「いま忙しいか？　きょうこれから出かけるんだけれども一緒に来てくれないか」と私にお供を命じた。

日産プレジデントが常務の専用車だった。私はこんな大きな車に乗るのは初めてだった。一緒に出かけた時は、少し舞い上がった。まず銀行へ。融資の打ち合わせのあと二～三件こなし、常務は高級料亭に入っていった。

だいぶ暗くなってきた。専属の運転手さんは車の中で休憩していた。私は初めてだし、外で待つしかない。銀行の人との融資の相談を終えて常務は、「ごめん、ごめん」と謝りながら出てきた。運転手が出てくる前に、いや私が開けますからと、ドアを開けた。

常務は「三上君、悪かったな」と言い、「渡すの忘れていた。はい、これ」とお金を差し出した。千円札二枚。

「えっ」と思ったが、私は恐縮しながら受け取った。当時、会社の寮の一食は百五十円で食べられた。ひじきが大好きな私は、あと目玉焼きさえあればいい。それで食券を購入、なんと十日~十五日分にもなった。

重松常務のおかげで、私は早くからコンピュータで給料計算などを取り組ませてもらった。IBMのコンピュータではフロッピーディスクという言い方はせず、八インチの大きさのディスケット（IBMの登録商標）と言った。

これを外国人講師が言うと、「出でけ！　出でけ！」と聞こえた。なにせまだ六十キロバイトしかなくても、大容量の部類に入るマシンであった。このディスケットは昔のフォノシートのような薄っぺらいもので、折れたら大変と細心の注意を払った。

寮に戻るとパソコン用語の勉強をした。そのころパソコンの本や辞典の類はほとんどなかった。パソコンにはよく泣かされた。おかげでいまは、パソコンが苦でなく、仕事や講演に利用している。

農業を継ぐことになり無念の退社

ところが、海上自衛隊のパイロットをしていた兄が体調を崩し、家に戻ることになった。私も一緒に農業を手伝えということになり、父が迎えに来た。入社してわずか一年半後のことだ。常務の重松さんは、「こんないいところはない。骨を埋めろよ」と止めてくれたが、そうもいかず無念の退社を決めた。

常務はじめ原価管理課の人たちが上野駅まで見送りに来て、「これを家に持っていけ」とみやげまで持たせてくれた。汽車が出るまでホームで名残りを惜しんでくれた姿が忘れられない。

重松さんが専務に昇進する直前、私のリンゴが実る前に亡くなったという知らせを聞いた。実家の父に似て細顔で親しみを感じていた。重松さんの言う通り、トキコにいたら、好きな車関係の仕事で別の人生があったのではと思う。

研修期間のとき、工場長が誤って禁止されている残業を新入社員にさせてしまった。そのとき、お詫びの挨拶をしたのが重松常務だった。トイレで一緒になったとき、その記憶はすっぽり落ちていた。

そのとき「皆さんの出身地が分からないのでせっかくだから自己紹介を」ということになり、なぜか「青森県弘前から来た三上秋則と言います」と津軽弁調で話す一番背の低い私が目立ってしまったようだ。それが重松常務の印象に残り、トイレで試されたのだと思う。

今年の暑い夏、トキコの人たちの懐かしい顔が私のリンゴ園に並んだ。ＯＢ会の旅行で、やって来てくれたのだ。うれしいのなんの。

あっという間にトキコ時代に戻った。いつもテレビで「この木なんの木」という日立のＣＭを見ていると、グループ会社としてトキコの名前も出てくるのがうれしかった。

短い期間であったけれど、サラリーマンとして経験したことは忘れられない。またそういう経験があるから百姓をやって本当によかったという思いも持てた。

やることなすこと、みな初めてのことだった。興味は尽きなかったし、それは失敗の連続であったけれど、いま私が少しでも社会のお役に立って生きていけるなあと思うと、ああ、この世に生まれてよかったと、本当にそう思っている。

借金苦で畑を手放す

もう親戚からは、借り尽くした。ちょうど子供三人が中学や私立高校に進学し、生活費がかさんだ。何も無駄遣いして酒を飲んだとか、遊んだとかいうことは一切ない。何しろ収入が全くなかったのだ。

生活が苦しいから、リンゴ畑を一カ所売ることにした。父から生前贈与を受けた五十アールの畑だった。購入したのは隣の畑の人だった。道路がなくてウチの畑の中を通路にしていた。私は自由に通って使えばよい、と言っていた畑だ。

ところがそれが競売にかけられることになった。

台風によるリンゴ落下被害があり、農協から天災融資制度に基づく資金として額面で二百万円を借りてくれ、という話が来た。それならばと義父と相談してお金を借りた。分割で返済を続け、何とか残り七十万円のところまで来た。

しかし、農協では「お前には返済能力がない」と断定された。試行錯誤をしていた段階で、畑にリンゴが成っていなかった。こんな畑の姿じゃ返済できるわけがないというわけだ。

農協の金融課の担当者と理事が家にやって来て、「理事会で返済能力なしと認定されました。負債を整理してほしい。そのために競売を実施します」と一方的に宣言し、「支払いできますか」という。

「いまは一円もないので返済できません」

「分かりました。では理事会で決まったことを実行します」

義父に相談したが、「仕方ねえなあ」と言うしかなかった。

兄が来て言う。「農協から電話が来て畑を競売にかけると聞いた。な（お前は）、めぐせぐねな（恥ずかしくないか）」と。

役場の農業委員会のある委員は、私の前に来てこんなことを言ってのけた。

「おめえ、無農薬、無肥料だなんてことやるからこうなるんだ。このカマド消し（財産なくし）」

みんなのいる前で罵倒した。ほかの人も似たようなことを言った。

農業委員会の職務を飛び越えての越権発言だと思うが、このころの私はそれほど目の敵になっていたということだろう。

そしていつの間にか農業委員会が入って、競売ではなく任意売却に変更された。競売からなぜ任意売却になったのか？　任意売却にすれば税金が多くかかる。生前贈与を受けた農地の二〇％以上の面積を売った場合は、贈与税の猶予がなくなる。

競売がさらに任意売却になったことで、生前贈与を受けた日からさかのぼって利息を一緒に払えということになった。生前贈与を受けてからずいぶん年数が経っていた。当時は利息が高かった。利息だけでも百万円を超えていた。とても払えない。

これは私の考えだが、「無肥料、無農薬をつぶしてしまえ」という意向が働いたのではないだろうか。私は世間（周辺）に迷惑をかけているというバッシングを受けたのだ。

お金を借りて返済しないのがもともとの原因なのだが、通常ならば一年間の猶予がある。そもそも競売自体がおかしい。支払い期限は二月二十日だったのに、前年の十一月に競売を開始しようとした。これは期日前の競売であり、完全に違法であった。

この畑の売却によって私は農協に対する借金を全部整理した。

あのころ弘前の街はにぎやかで、景気が良かった。リンゴの価格が高騰し、リンゴの木は金のなる木と言われたほどだ。「リンゴバブル」にみんなが浮かれていた時代だった。

そんなとき、私の畑だけ全くリンゴが実らなかった。これほど無残なことはなかった。札びらを切って街を闊歩している仲間たちから、強い向かい風の批判が集中した。

一千万円の夢を見たことがある。私は「一千万円農家」になると夢だけは大きかった。神棚には一番上だけ本物の一万円札。中は紙の偽物。帯をしてそのまま上げて「必ず本物を上げます」と誓いをたてた。

その札束に「このままずっと居てもいいんだよ。しばらく泊まってもいいよ」とお願いしたりしたが、次の日、支払いが迫っていてすぐ消えた。

カネは天下の回り物というが、当時の私の場合、お金が少々入ったとしても、あちこちの親戚から借りた借金を整理していくと、ほとんど留まることがなかった。


「日本一の多重債務者」


「これほどの業者が、よくあんたに金を貸してくれたね」

税務署の人が驚いて言った。

「あんたは日本一の多重債務者だよ」

私は二十九社のサラ金からお金を借りていた。

なぜそれほど借金が増えていったのか。

まず、収入がなかった。借金を返すために、また別の所から借りる。借金は芋づる式に増えていった。

「あなたはA社からも借りていますね。収入からすると十万円が限度です」

そこで十万円を借りて、なんとか返す。

この「借りて返す」を繰り返した。十社も回ると、サラ金の手口がだんだん分かってくる。金を返すと、「もっと借りてくれませんか」となる。

私はそういう業者を選んで、また借りる。B社で三十万円借りて、残高が半分になると、B社は「五十万円（当時の限度額）どうですか」と誘ってくる。

このように「借りて返して」を繰り返すうちに、借金残高がいくらなのか分からなくなる。いつまでにいくら返済しなきゃならないか、その数字だけはすぐわかる。当然、いつも返済額に足りない。

サラ金もうまいやり方で迫ってくる。

「そろそろ支払いですが、他社の支払いは大丈夫ですか」。他社の分までも貸そうとする。これも私がマメに返済しているからである。

延滞したのはP社の一度だけだった。催促の電話が来た次の日、弘前の土手町の繁華街を歩いていると、P社の取立人とばったり会った。マークされていたのかもしれない。

「おお、あんた木村さんじゃないですか。お金いつ払ってくれるんですか」。あのころの土手町はアーケードがあり、にぎやかだった。

人通りの多い往来の中で私は「ああ、そうだそうだ。いまはないので、三日ぐらい待ってくれませんか」と答えた。

「ぐらいじゃダメなんだ。三日なら三日とはっきり言ってくれ」と相手は迫る。

「じゃ、三日待ってくれませんか」と言うと、「分かった」と立ち去った。

私は三日目に支払った。当時は振り込みなどなく、店に出向いて支払った。

その夜、電話が入った。

「もっと借りませんか？　あんたは正直な人だ」と。

当時、友人であるダルマモーターの太田さんが電話代を払ってくれていた。私はこの太田さんにもお金を借りていたが、支払日にはきちんと返した。

本人は私にあげたつもりだと言うが、そう甘えてはいられない。太田さんには十数万円かかった車検の費用も払えず、ずっと未納だった。それでも太田さんは一言も催促しなかった。

私は義父に隠れてサラ金から金を借りていたが、義父は分かっていたと思う。電話の会話の雰囲気ですぐ感づいたはずだ。急に声が小さくなってコソコソ話しているのと、笑いながら話すのとは違う。義父も私には一言も文句を言わなかった。私に金がないのは知っていたからだ。

私の名誉のため付け加えておくと、二十九のサラ金から借りたお金は完済した。

薬剤散布車で死にかける

リンゴ農家として少し慣れてきたころだった。私は畑でスプレーヤーに乗っていた。スプレーヤーとは薬剤散布車のことだ。夏になってスプレーヤーが走ると、リンゴ園は農薬で白一色に変わる。

一九七五年のころか、畑の一部によくこんなところをリンゴ畑にするよな、と思うほどの斜面があった。まるでサーカスのようにスプレーヤーを後ろ向きにして登っていかなければならない。スプレーヤーの後ろには農薬が入ったタンクがあり、後ろから散布する。私はその急坂を上っていった。突然、ガチンと音がして、スプレーヤーのギアが外れた。

女房の美千子はそのスプレーヤーの脇を歩いていて、もうそろそろ作業をやめようか、この上は無理かもしれないな、と話していた最中のことだった。

こんな急坂だからブレーキは利かない。タンクの中の液体が移動し、スプレーヤーが重力に負けるように斜めになって転がった。私は必死にクラッチとブレーキペダルにしがみついた。

近くにいた人は兄のところへ事故を伝えに走った。兄は駐在さんを連れてきた。「検死に来た」という声が聞こえた。

当時のスプレーヤーには屋根がなく、むき出しの運転席が極端に右端に位置していた。私が被っていた帽子は遠くに飛んでいた。あんなに車が転がったら、乗っていた人は死んだはず、と思うのも無理は無い。

美千子が、「もし生きているなら、一回叩いてみて」と叫んでいる。

私はボンネットを叩いているつもりが、混乱していて逆さになった車の底を叩いていた。冷静になってもう一回叩いたら、「ああ生きている」と、集まっていた十数人が、スプレーヤーを起こしてくれた。

以前、隣の畑の人もスプレーヤーの事故で腰の骨を折り、六カ月入院したことがあった。スプレーヤーの骨組みは金属だが、ボディーはプラスチックで、割れるとケガをしやすい。運転席が木に挟まったりして毎年のように死亡事故がある。

確かにスプレーヤーは便利な機械だ。手散布は大変である。急な斜面にホースを引っ張っていくだけで重労働だ。スプレーヤーなら三十分で全部終わってしまう。手散布なら朝早く行ってホースの準備をしたりして、十時過ぎにようやく終わる。だれだって機械での散布の方を選ぶだろう。

美千子が農薬に弱かったこともあり、手散布は大変だと思った。私は義父と相談して農機具屋に行ってスプレーヤーを購入した。最初はうまくいった。これで女房を巻き込まず、一人であっという間に作業を終えることができる。

手作業で酢散布をする著者

スプレーヤーは二百三十万円の五年払いだった。やっとの思いで購入したが、この事故でもう二度とスプレーヤーには乗りたくないと思った。すぐに兄にあげた。兄は最初、共同のものがあるからいらないと言ったが、私はもうこの機械を二度と見たくなかった。残りのローンもこちらで払うから、畑に置いて専用で使ってくれと頼み込んだ。

いまもスプレーヤーを見ると気分が悪くなる。これは横転した経験がないと分からないと思う。私の場合、このままだとあの井戸に落ちると思った瞬間、スプレーヤーが切り株に当たって急に角度を変えてひっくり返った。

私は横転しながら「まだ死ねない」と思った。

傍から見たらよく生きていたと思ったことだろう。

この事故のあと、農薬でなく薄めた食酢を手散布する自然栽培の道に向かうのだが、神様がその下準備をしてくれたのかな、と思わざるを得ない。

女房が倒れる

リンゴが順調に育つようになると、今度はリンゴの発送作業が立て込んで、忙しくなった。女房と私はくたくたになった。

美千子は過労がたたり、よく吐血した。そんな最中に、借金取りが来たこともある。子供たちは県外の学校に通っていて、だれも家にいない時だった。

二人とも服を着たまま寝ることが多かった。美千子は、ふすまに背をもたれかけたまま寝た。それも毎晩のように朝方までだ。

ふとんに横になると熟睡してしまって、次の日に起きられず、仕事が間に合わなくなる。それほど発送作業に追われていたのである。

美千子は血圧が高く、診療所から血圧を下げる薬をもらっていたが、飲むのを忘れて一週間過ごすこともあったようだ。

そしてついに忘れられぬ日が訪れた。私が各地を歩き回っているときに美千子が倒れたのだ。二〇一〇年のことだった。

兄弟のように仲が良くて、一緒に自然栽培の指導に海外へ行ったり、自然栽培の夢を語り合った、下堂薗洋さんが亡くなった。そのお別れの会が鹿児島市内で行われ、私も参列していた。列席者は下堂薗茶舗の社長である豊さんら十人くらいで、洋さんの思い出を語りながら献杯するところだった。

私の携帯が鳴った。

画面には「木村文美」とある。めったに電話をよこさない三女の文美からの電話だった。

「何かあったな」とすぐ思った。

電話に出ると、「いま、お母さんが倒れて意識がないまま救急車で運ばれた」という。

ハンマーで頭をガーンと殴られたようなショックだった。

女房は、家の近くにある冷蔵庫からリンゴを出してトラックに積み、運転席に乗ったところで意識がなくなったようだ。

車のエンジンはかかったまま、ギアは入っていなかった。車はゆるやかな坂道にあったので、ゆっくりと動き出した。狭い道路を下り、タバコ屋さんの横のブロック塀に軽くぶつかった。左の前輪がU字溝にはまり、ようやく車は停止した。

どれくらい時間が経ったのかわからないが、そこへ偶然、兄嫁の実家の車が通りかかった。

「あれ？　秋則さんの車でないか。どうしたのか？　側溝に落ちているよ」と慌てて車を止めて、運転席を覗くと、女房がぐったり倒れていた。いくら窓を叩いても全く反応がなかった。すぐ救急車を呼んで、そのまま脳卒中センターに運ばれた。

娘たちも現場を見ていない。病院にたどり着いたのは午後六時ころだったそうだ。

美千子は車の中でどれくらいの時間倒れていたのか。タバコ屋の人に確認すると、周囲の状況から「三十分くらいではないかな」という。

リンゴの冷蔵庫の中は冷えていて、外気との温度差が大きかった。冷え切った体で急に外気に触れた。そのとき脳卒中に襲われたということなのだろう。

美千子が倒れたので、私はすぐに帰りたいと思った。ところが、福岡県の直方《のおがた》で明後日、役場主催の講演会が控えていた。翌日、鹿児島からJRでゆっくり移動して直方入りしようと思っていたところだ。

私は何とか延期かキャンセルをできないかと頼んだが、役場からは「あまりに急なお話で申し訳ありません」と連絡が入った。この講演は大相撲の魁皇関（現・浅香山親方）の肝いりで、どうしても来てくれと懇請され、実現したものだった。

講演まで一日の空白があったことは幸いだった。とりあえず、その一日を利用して青森に帰ることにした。

病院に駆けつけたが、女房の意識は全くなかった。担当の医師に聞くと、「ここ二、三日はどうなるか分からない。私どもでは答えが出せない。再度、発作が来るかどうかも分からない状況です」という。

しばらくたって、「講演で福岡に戻らないといけないのですが、どうでしょうか」と尋ねると、「そうですね。血圧が下がってはきているので、明日、明後日はいいでしょう。娘さんたちも付いているから大丈夫でしょう」という返事をいただいた。

チケットの手配など下堂薗茶舗がすべて計らってくれ、何とか福岡へ飛んだ。講演を終え、とんぼ返りした。

美千子は相変わらず何も分からない状況だったが、四日経って奇跡的に意識が戻った。最初、何を言っているのか分からなかったが、舌がまだ回らないだけで、普通の会話はできるのではと思った。一週間くらいで言葉も戻ってきた。

美千子が乗った車は、荷台の幌が塀に当たって破れていたが、傷はなかった。高い幌が先に当たって、側溝にはまったショックを和らげた形だったらしい。

女房が倒れたあと、いろいろなことを考えた。

私は一年のうち、多いときで二百二十日以上、海外も含めあちこちに出歩いていた。美千子にすべてを任せてだ。そしてスケジュールに追われながら、リンゴ畑が少しずつ荒れていくのが、いやがうえにも目に入っていた。

一年に二百日以上出歩く日々が四年は続いただろうか。ほとんど家にいなかったということになる。畑も人に任せっきりということがしばしばあった。

酢散布も、女房がいたからこれまで問題なく続けてこられた。酢散布は百メートルもあるホースを引きずりながらのハードな作業だ。

女房が倒れる前は、女房の的確な補助があったのでツーカーでやってこられたが、いまどき、助っ人を依頼しても酢のにおいや重労働を嫌がる。最初はただホースを持って歩けばいいんだろうと手伝うが、どうしたら散布している人の作業効率を手助けできるかを考えてホースを送ることが出来ない。

となると、人頼みでなく一人でやった方がいいということになる。苦労をしてやっと酢の散布を終え、翌日また各地に出かける。そして帰ると、酢の散布が待ち構えている。雨が降ると、それも出来なくなる。数日かけてやっと終わる。

昔、酢散布に使った動力エンジンが、今でも畑のすぐ見えるところにシートをかけて置いてある。まだ動かせばエンジンがかかるのがすごい。そのころはお金がないので、スクラップの店から百円で動力エンジンを買ってきた。それを酢散布だけでなく草刈機にも使った。エンジンは重いから、女房に手伝ってもらって草刈機から外し、酢散布のポンプにつけ替えた。ベルトを取り替え、エンジンとベルトの調整をする。うまくいかないとベルトが焦げたりする。結構、時間と手間がかかった。

当時、収穫したリンゴを運ぶのは手押しの一輪車だった。そこに無理に手篭を四つ載せ

十数年活躍した三菱のトラクター

た。よく横転した。幸い草で覆われている畑なので、リンゴに傷はつかなかった。あまりに不便なので、四角い運搬車を購入した。これは手篭が六つ載せられる重宝なものだ。しかし、それを家に運ぶトラックがなかった。

近くの白鳥農機具店のおやじさんが、気の毒がって中古の三菱十五馬力単気筒トラクターをくれた。解体屋からシリンダーヘッドを購入して装着すると、エンジンがかかった。総費用千円。最高時速十五キロ。古いので最高十キロしか出ない。しかし、これで三十六箱のリンゴを家まで運ぶことが出来た。

秋の日はつるべ落としというくらい早い。六時ころ作業を終えて、トラクターで一時間かかって家に戻ると、日はとっぷりと暮れていた。いくら非効率でもトラクターにはライトがついていたから、家にたどりつくことができた。

近所の農家の田村さんは私のこうした作業をよく見ていたという。

このトラクターはやがて軽トラックに変わった。すべてはリンゴのお陰だ。これほどいいものかと思った。家まで十分もかからない。トラクターは十数年活躍してくれた。いまは動かなくなり、そのまま畑に置いてある。よく頑張った思い出のトラクターをスクラップには出せない。

まだリンゴが実らなかったころ、家には一円もなく、リンゴ園まで一時間半、歩いて通ったことを思い出す。

歩きながらいろんなことを考えた。向かい風があまりに強過ぎたので、だれにも会いたくなくて、自ら一人の世界に入っていった。

私は、朝三時過ぎに家を出た。誰かに挨拶してもそっぽを向かれる対応を味わいたくなかったからだ。世の中の流れに逆らうような栽培を手掛けると、これほど批判を浴びるのか、世間の反応もこれほど変わってしまうのかと思った。

依然としてあの手この手の努力はするのだが、リンゴは一個も実ってくれなかった。

女房も畑もＳＯＳ

リンゴが実ったあと、私の本職はリンゴ農家だけれど、自然栽培を少しでも普及させたいという気持ちから、全国を歩いてきたが、背負いきれないほど葛藤を負ってきた。

各地に出かけるのは当たり前という気持ちになる一方で、女房にも畑にも申し訳ないと、心は休まらなかった。

「待ってろよ、いま必ずもう一度元気な姿を再現するから」と畑に声をかけた。ところが、逆に出歩く用事が増えていく。私は各地の講演を自粛し、農業塾を興すことにした。

すると今度はこうした塾が全国で開かれるようになり、しばしば請われて各地に赴くようになる。結果として、頻ぱんに講演をしているのと同じことになった。

石川県羽咋《はくい》市、札幌、宮城（加美よつば農協ほか）、遠野、新潟、金沢と、どんどん増えていく。月に四、五回は出歩いた。それも最低二日がかりだった。もう何のために講演の回数を減らし、塾を開いたのかわからなくなってきた。その裏で、女房や畑はＳＯＳの悲鳴を

塾生への実地指導

あげていた。

　私はもう出歩かず、地元で農業学校のようなものを開いて、自然栽培を目指す人たちに来てもらおうと思った。閉校になった古い小学校の校舎を借りようと、あちらこちらにお願いに回ったが、すべてだめだった。建物の耐震性などの理由もあったが、端から私に好意的ではなかったのである。

　女房が倒れたことは公にしてこなかったが、三年たった頃、講演会で報告した。というのも、リンゴの発送がどんどん遅れて、お客さんから苦情が殺到したからだ。

　女房は仕分け、発送を全部やってくれていた。それがストップした。二女の江利はじめ娘たちが応援してくれたけれど、間に合わない。

ハガキを見て一枚一枚、宛名伝票を書いていたのでは効率が悪い。そこで昔取った杵柄で、トキコの時代に覚えたパソコンで伝票を起こし、能率を上げた。

以前は家族で晩御飯を食べた後、義父も手伝ってみんなで伝票を書いた。作業をしながら義父は、「よくこんなにお客さんが買ってくれるなあ」とすごく喜んだものだった。

リンゴの木にも心がある

リンゴの木の変化を見ていると神秘的な感じに襲われる。

無肥料、無農薬を試みたためにリンゴの木の樹勢が衰えて、次々枯れていった。根元がグラグラして、一番太い木でさえ押せば倒れそうになった。

そのとき、「花も実もつけなくていいから枯れないで耐えてくれ、お願いだから頑張って」とワラにもすがる思いで、一本一本木に声を掛けて歩いた。悩み、苦しむ精一杯の私の思いだったが、実はリンゴの木を苦しませたのは私で、自分も苦しいけれど、リンゴの木は私以上に苦しんで、この数年じっと耐えて頑張ってきたということに気づかされた。

そこで私はいままで耐えてきたリンゴの木に謝ろうと思い、夕方、手伝いの家族が帰った後、一本一本お詫びしながら話しかけて歩いた。

「すごい頑張ったなあ」。リンゴの木に触れながら自分の気持ちを伝えた。

隣接している畑の人たちがこうした姿を見て、「木村はとうとう気がふれた」と思ったらしい。しかし、そんなことは気にしていられない。私は四つの畑にある八百本あまりの木に接しながら話しかけた。しかし、摘果作業中に「木村、とうとうばかになったんでないのか？　だれと話しているんだ」という声が聞こえてきて、急に恥ずかしくなった私は、その先に進めなくなった。まだ見栄を捨て切れていなかった私がそこにいた。

その時、言葉をかけなかった隣の畑に接するスターキング五十本ほかジョナゴールド、ふじの全部で八十二本のリンゴの木が枯れてしまった。何という偶然だったのか。

その木の枯れ方がどれもみな同じ枯れ方だった。二十年を過ぎたくらいの木だが、南側に面して真っ直ぐ傾いていた。樹皮に線が入って開き、まるで内臓をさらけ出すようにして同じ症状で枯れ果てた。

一年ほど枯れたままにしておいたら、隣の人から「片付けないで放置している」と文句が来た。切るか、根っこから抜くかしなければならないのだが、自分とすれば、声を掛けなかったから枯れたという意識が強くて、片付けるのはしのびなかった。

よその人から見たら、「そんなことありえるか」「リンゴの木がなんで人間のことがわかるんだ」という人がほとんどだと思う。

枯れた木を見ていると、リンゴの木も人間の言葉ほど話せないけど、みんな心があるんじゃないかとますます思うようになっていった。死んだ木を見て「申し訳ない」と思った。

五〜六年たち、ようやく枯木を切って根を抜いた。何も道具がないからスコップだけ使った。薪にして燃やす気持ちにもならず、小さな川沿いにあったその木を、しばらくそのまま寝かしておいた。

するとやがてカブトムシやいろんな虫が集まってきて、木はゆっくりと朽ちていった。これを見て自然界には無駄がないんだなと思った。土に返そう、土に返そうというように虫が集まってくる。人間は死んで灰と骨になってお墓に入る。人間は自然界からいっぱい搾取して、返さないまま死んでいっているのではないか。

それから一層、リンゴの木に話しかけるように努めた。「何の話、だれと話している」「木村はおかしくなった」。そう言われるようになって、「あんなのと話したらまいね（ダメだ）。あれは狂っているんだ」とまたまたうわさが流れる。

強いアゲンストの風がさまざまな悪評を四方八方に撒き散らしていった。

生と死は隣り合わせ

兄、豊勝の子供が白血病で亡くなった。一九九〇年八月、十八歳の夏休みのことだった。近くに住んでいるのに兄とはしばらく音信不通だった。兄は、元は自然栽培というより有機栽培に理解があり、私と一緒にこの農業に希望を持っていた一人であった。ところが、途中から世間の風当たりが強くなって、私がこの栽培を続けることをすごく嫌がるようになっていった。

「この栽培では生活できない。無残な姿が続くだけだ」と兄は反対者の一人になっていた。実家まで強いアゲンストの風に巻き込まれていった。

実際、私が悪いのだけれど、私は身内に甘えて、それをあえて無視せざるをえなかった。

あるとき、兄が突然訪ねてきて、「ノリ（秋則）、せがれ（次男坊の満君）が白血病と分かって、な（お前）の血液調べてくれないか」と言った。満君は小学校六年生のときに歯医者に行って歯を抜いたら血が止まらず、病院で白血病と診断された。

早速、私が大学病院で骨髄適合検査をすると、両親でもなかなか合わないＨＬＡ（ヒト白血球型抗原）が奇跡的に重なった。抹消血幹細胞移植（提供者から採取した正常な造血幹細胞を点滴で取り入れる）のための輸血を行うことになった。

血小板を採取するとき、一本の針の先から分かれて、六本のチューブが出ている。血小板を採ったあとの血液がまた還流してくる仕組みになっている。ところがある日、よく見ると血液が戻って来ていない。次第に足の指先が冷たくなってくる。

これはおかしいと思い、何度も非常ボタンを押したが、看護師さんがやってくる気配がない。何回か押しているうちにやっと看護師さんがやってきた。機械の下を見ると大きな血だまりができていた。チューブが外れて下に垂れ流しになっていたのだ。大きな病院でもこんな人為ミスがある。

骨髄液も提供することになった。麻酔注射を打つときの痛さは、痛い！　なんてものではない。刺した瞬間に涙がボロッと出た。健康上、一年に一度しか提供できない。満君が中学二年の冬に採って、三年の春が終わるころにまた採った。しばらくはもう採れないという。血液の成分が薄くなってしまって、逆にこちらが危険だと判断され、それ以上満君を救うことができなくなった。

満君はすでに意識がなく、意思疎通できないままで生きるしかなかった。医師から兄夫婦にどうするか話があった。母親はこのままでいいからとにかく生かしたい。スイッチを切るなんてもってのほかで、最期まで見届けたいと言った。

枕元にある生命維持装置の赤いボタンがすべてであった。兄は私に相談をもちかけた。私は、「二人（夫婦）が元気なうちはいいが、人間って先のことは分からない、何かことがあったら今度は兄弟の年君（長男）に負担がかかる。そういう点をどう考えるか」と話した。子供の生命維持装置を切ることは親としてしのびないし、そんな気持ちを言葉で言い現すことも難しい。

結局、我が家に集まり、みんなで話し合い、スイッチを切ることになった。満君は、若いからそのあとも一週間生き続けて、高校三年生の夏休みに亡くなった。

棺は病院の地下の安置所に置かれ、父と私が見守っていた。父がトイレに行くと言ってその場を離れた。私は黙って椅子に座り満君を見ていた。その時、突然、彼が一回、でっかい呼吸をした。体が伸び切るような感じで「ハーッ」と言った。

「エーッ！　死んだ人がなぜ？」

もちろん、初めてみる姿だった。死んだ人がなんで息をするのか、ぞくっとして怖くなった。

父がトイレから戻って来たので伝えると「そんなこと、見たことも聞いたこともない」と全く信じない。あとで来た義父に話してみた。

この人は激戦のラバウル戦線の生き残りで戦争の惨禍を知り尽くしている。義父は「な（お前）も見だが。マラリアで死んだ人をたくさん見てきたが、死んだ人は最期必ず一回息をする」と驚きもせず淡々と語り、「おそらくその時、魂が体から出るんじゃないか。おれはそう思っている」。

戦争で片腕を無くした水木しげるさんの漫画によくそういうシーンが出てくるが、ラバウルの戦場ではそういうことに驚いている暇もないほど、多くの無念の死を遂げた人がいたのだと思う。

病院の担当医も満君の見送りに来てくれた。先生に「彼が、ハーッと息するのを見た」という話をすると、彼も「そうです」と事も無げに言う。「息を吐いた後の違いを見るために体重を量った研究者もいます。わずかな重さだけど違うという説があります。数多くのサンプルがあるわけではないので、はっきりとはわかりませんが。満君もそうしましたか」と。

満君が生まれて間もないころ、兄がホンダＮ３６０という車を買って試乗するというので、私が満君を抱っこすると、急に生ぬるいものが私の下半身を濡らしたことがあった。そんな昔のことを思い出していた。

父のあと、その兄も翌年亡くなり、時が早く過ぎ行くのをますます感じるようになった。兄はこの満君のこともあったのだろう。毎晩のように浴びるほどウイスキーを飲むようになり、胃ガンから全身に転移した。

生まれた時にはもう、カレンダーに亡くなる日も刻まれているのが人間だという。トランプの絵札には上下に同じ絵が書かれているが、私のカードは上が正常、下がガン、人生は紙一重、いつも一緒に歩いているような気がしている。

かぶと岩で自問自答

いま私の頭に浮かぶ風景がある。岩木山を越え、五能線が走る海岸線に千畳敷という津軽有数の岩棚の景勝地がある。江戸時代の大きな地震で地盤が隆起し、荒波に侵食されて海底が現れ、そこに出来た奇岩の数々である。潮吹き岩やライオン岩などがあるが、中でも一際目立つ大きな岩に「かぶと岩」がある。

リンゴの木が壊滅していく苦悩の日々、私は畑を離れてこのかぶと岩に向かった。海岸を走ると大きな岩が見えてくる。それは中世の騎士が被る甲冑のかぶとのように見える。そのため昔からかぶと岩と呼ばれていた。

ここは整備された公園なので駐車場もある。奇岩の横を車が走り去っていく。海から強い風がヒューヒューと吹いていて、潮を吹き上げている。

所在なくそこに行くと、自分で選んだこの農薬も肥料も使わない自然栽培の選択が正しかったのかと考えた。もう後戻りは出来ない。ただひたすら孤独で、だれの助けもなくたった一人で歩いていているという気持ちが湧いてくる。

ここは夏場には多くの観光客でにぎわう。私は春か秋に行くことが多かった。秋はまさにトワ・エ・モアの『誰もいない海』のような感じでだれもいない。しかし、私は感傷にひたるどころか、すっかり神経まで病んでいた。打ち寄せる波にいつさらわれていくか分からないような姿で、人が見たらどう思っただろうか。たまに駐車場に車が止まることがあったが、静かなもので、たった一人になれる唯一の場所だった。

私はかぶと岩の下の辺りで海を見ていた。波が激しく寄せ、しぶきを浴びると、波から逃げる。波がまた収まれば、そこにじっとしている。波のしぶきを何度か浴びながら、「これからどうやっていったらいいのか」と、見えない答えを探し求めていた。

無肥料、無農薬に切り替えてから五～六年頃。もう絶望に近い。無力感でいっぱいだった。女房も一生懸命、木につく虫を手で取っていた。隣の境のところは迷惑をかけられないと思って念入りに虫取りをする。一本ずつとっていくのだけれど、これで最後だと思っても、またほかのところに虫がわいているのが見つかる。

自分たちの農園ではいくら虫の害があっても仕方がないが、隣には迷惑をかけられないと思った。「もうとてもまいね（だめだ）」と、女房は背の高いアジサイを挿し木して、目隠しの垣根を作った。それは世間の向かい風（批判）に対する女房の精一杯の抵抗だった。

私は、波打ち際を眺めながら「世間からの苦情にどうやって対処していったらいいのか」「家族の生活をどうやって守っていこうか」と自問自答した。

自分の判断で家族をどん底に陥れた。いまは一日も早くリンゴを実らせなければいけない。見えない答えを導きだそうと、ますます自分を追い込んでいく。

ただリンゴの木だけを見ているから、自分の心も視野も狭くなっているのではないか。この広い海を眺めていれば、もう少し視野が広がり、見えるべきものが見えてくるのではないか、と思ったりした。

鰺《あじ》ケ《が》沢《さわ》と深浦の間にあるかぶと岩まで千円の中古バイク（カブ）で何十回と通った。その千円さえ自分で払えなかったが、きちんとオーバーホールして組み立てたら、奇跡的にエンジンがかかった。

夕方近く、人に顔を合わせないように畑から真っ直ぐ海に向かった。当時はヘルメットをかぶらなくても許された時代だった。仕事のときと同じヤッケを着て帽子をかぶり、ハサミを下げたままの長靴姿だった。

カブはガソリンを一リットルも入れれば百キロ近く走る。このように悩んでいるときにはスピードは出ない。トロトロ走りながら、下に一円でも落ちていないか見ているような走り方だった。

かぶと岩に着くと大きな夕日が日本海にゆっくり沈んでいった。「ああ、きれいだなあ」。素直に感動した。自分の苦悩とは裏腹に、夕日はなぜかきれいだった。その巨大な夕日に、私は知らず知らずのうちに癒やされていたのだと思う。

捨てネコとの縁

アゲンストの中で、ネコは私の唯一ともいえる慰めだった。世間に見離された私は、もうネコと会話するしかなかった。なぜか、皆捨てネコだった。

義父はイヌが好きで、ネコには見向きもしないどころか毛嫌いしていた。ところが、ある野良ネコが親父のあとをチョコチョコとついてくるようになった。そのうち、ネコは親父と一緒に寝るようになった。親父が床屋で将棋をやりに行くときも、後をついてきた。そんなネコたちだった。

オニャンと岩合光昭さん（右）

うちのネコは風呂に入る。ネコ二匹と私が湯船につかまってまったりとする。とても愛嬌がある。何度も写真を撮ろうとしたが、すぐに逃げてしまうので成功したためしが無い。

ネコは風呂の熱い湯を飲んでも平気だった。ネコ舌というけれど、本当なのだろうか。

まだリンゴの答えが見つからなかった頃、リンゴの木が病気になると、泥や牛乳、焼酎をかけたり、何でも試した。わさびもその一つだった。

家の中でわさびガスというのを試したことがある。ガスを発射した瞬間、強烈なにおいに、いの一番に家から逃げ出したのはネコたちだった。その逃げ足の速かったこと。ネコたちは私の度重なる実験にも付き合ってきた。

二〇〇五年に雪が降ったときのこと。動物写真家の岩合光昭さんがやって来た。弘前のリンゴ園に魅力的な風貌のネコがいるといううわさを聞いてきたのだ。

そのネコは、体の大きな捨てネコで、私はオニャンと名づけた。これが岩合さんが最初に撮ったネコだ。

「オニャーン」と呼ぶと、雪をかきわけ走って来る。岩合さんが「これはすばらしい」と何枚も撮った。オニャンは岩合さんの本にも収録されている。雪に埋もれた家の裏のリンゴの木の上に、コニャンとオニャンが仲良く寄り添っている。

岩合さんは撮影のあと、コタツで暖まりながら、私のリンゴの話を聞いてくれた。「この話、本にした方がいいですよ」と岩合さん。その三年後、『奇跡のリンゴ』という本になったのも、岩合さんとネコとの縁からだと思う。

捨てネコは最高で十五匹を数えた。なぜか十匹を超すといなくなり、死ぬときにまた突然帰ってくる。「あれっ？　これ、うちで生まれたネコじゃないか」。ネコは死ぬところを見せないというけど、うちのネコは違う。

ネコは新入りが来ると、最初は唸って怒っている姿を見せる。だが、しばらくすると仲良く暮らしている。ネコ同士しっかり会話して「ここの主人を守ってやろう」なんて話しているのかもしれない。

まだ目も明かないような子ネコを家の前に置いていったり、道路で事故にあったネコを「あんたのとこのネコでないか」と言ってくる人もいる。

家の中はネコの爪跡でしっちゃかめっちゃかだが、ネコがいる暮らしはいい。いまは七匹と暮らしている。

第 3 章

出会った人々

初めてリンゴを買ってくれた女性

やっとのことでリンゴが実ったのに、リンゴを買ってくれる人がなかなかいなかった。リンゴを実らす苦労だけでなく、そのあと売ることの厳しさを痛感した。

リンゴを直接売ろうと行商に出掛けた。街角でリンゴを売っていたときの、人々の冷たい視線が体に浸みついている。小さなリンゴをハマキ虫が食べて、穴が開いていた。こんなリンゴはだれも買ってくれないけれど、私は「これは自然が作った芸術です」と冗談を言いながら売って歩いた。

そんなとき大阪で山口弘子さんという方と出会った。宮城県在住の人で、ご主人が東北電力の部長さんだと聞いた。私は大阪城のお堀端でリンゴを数ケース並べ、声を張り上げていたが、だれもやって来なかった。一九九〇年のことだ。ようやく花が咲いたリンゴの花を摘む（摘花）のがふびんでならなかった。そのため、リンゴの実は小さく不揃いなので、加工用（ジュース）にしかならなかった。

行商二日目の午後、数人の女性が初めて立ち止まってくれた。「農薬や肥料を使っていないリンゴ？　ずいぶん見栄えが悪いわねえ」と言うものだから、「一つ食べてみてください」と差し上げた。すると「おいしい」と感激してくれた。

この方が山口さんで、私のリンゴ宅配の初めてのお客さんとなる。山口さんが口コミで「こんなリンゴがある」と広めてくれ、少しずつ注文が来るようになった。

しかし、お金がないので発送ができなかった。当時、宅配で直接消費者に送っても、それだけでは生活できないと言われていた。生産者と消費者の信頼関係の薄さや宅配の仕組みが未発達だったこともある。

現在はリンゴの加工業で大きくなった会社の社長が、そのころ「宅配だとお金払ってくれないよ。みんな払ってくれればいいんだけれども」と言っていたのを記憶している。もっとも私の場合、未払いだったのは一度だけだ。

当時は一日三箱送るのが精一杯だった。色つやのいい熟したリンゴを私が収穫し、女房が二段詰めにして毎日発送した。

はじめは地元の大きな市場に出荷しようとしたが、リンゴがあまりに小さいから、受け付けを拒否された。

加工リンゴの買い付け業者からも、「遠慮してほしい」と断られた。

当時は、北海道のジャガイモの収穫に使うスチール製の箱（パレット）を使っていた。斜めの網が入っているが、私のリンゴは小さくて網目からこぼれ出てしまう。その加工リンゴ屋さんは、「止めろよ、こんなリンゴじゃ食っていけないよ」と強く言った。わきから「あれはカマド消しだ。無農薬でできるわけがないだろ」という声も聞こえてきた。

お金がないので宅配の運賃を払えなかった。その日暮らしもいいところで、最初に送ったリンゴの代金が入ってくると、次のお客さんに送るという、何とも悲しい自転車操業だった。リンゴを送ってから郵便為替でお金が送られて来るのが一週間後。そのお金で宅配の運賃を払い、発送した。

関東に一箱送るのに千百五十円かかった。この金がなかった。そんなときに「おい、木村、ブルドーザー動かしてくれ」と声を掛けてくれる人がいた。オペレーターの仕事をすると、一万五千から二万円くれた。宅配の運賃はこれでしのいだ。

段ボールや中敷きなどリンゴを運ぶための資材をあちこち歩いて探したが、お金がないからと、みんなお断りだった。

その中でたった一軒だけ、加藤商会という所が「いいよ、頑張りなさい」と引き受けてくれた。時々、選果小屋をのぞきに来ては、足りない資材を置いていく。今も加藤商会とだけ取引をさせてもらっている。『奇跡のリンゴ』を読んで「これうちのお客さんよ」と喜んでくれた。その後、「お客さんが増えた」とまた喜んでくれた。

「大きいのはお客さんにやれ」

小さくてもリンゴが実った。それは長い長い道のりだった。

ある会社の社長に言われた。「おい、木村、こうした小さいリンゴしかできねのな」。しかし、こんなリンゴでも何年もかかった。私は悔しくてその言葉が忘れられなかった。

その後、リンゴはだんだん大きくなり、周辺の畑のリンゴに負けないくらいの大きさになった。その人に大きくなったリンゴを持っていった。

すると「その大きいリンゴ、どこから持ってきた。ほかの所から持ってきたんでねえべな」という。

やっとここまで大きくなったリンゴになんてことを、と思っていると、その人は「なして

（何で）こうした大きいのをわ（おれ）さ持ってきたんだ。こういうのはお客さんにやれ」と怒られた。と同時に「わには昔持ってきた小さいのでいいから」と。言葉はきついが、その人らしい愛情のこもった励ましだった。

思えば、リンゴが無肥料、無農薬でできたということをお客さんに信じてもらうのに、かなりの時間が過ぎた。その間、周辺から受けた批判は、まるで針を刺されたように痛かった。

あるとき横浜の高島屋で青森県物産展の催し物があった。「あいつ変わっているから、声を掛けてみよう」ということで珍しく呼ばれ、勇んで出かけた。

ところが、「ここでやってください」と言われた場所は、エスカレーターから降りて次のエスカレーターに向かう反対側の死角のスペース。これじゃあだれの目にも入らないから、足を止めてくれる人はいない。もちろん買う人もいない。エスカレーターの騒音だけがゴーゴーと鳴り響く。

私は、段ボールから中敷きを取り出し、メガホンを作って叫んだ。そのころ自然栽培などと言う言葉はなかった。私は「肥料なし、農薬なし」と看板に書いた。

電話が鳴りっぱなし

そんな時、ＮＨＫ（仙台）の取材で、「しのびよる環境ホルモン汚染」という番組が放映された。たまたま義母の葬式のときに、その取材チームがやって来た。「今日はあいにく葬儀で」というと、カメラマンたちも葬式に出てくれた。

その翌日午後、ビデオ撮りをやった。番組がいつ放映されるのか分からなかった。ところが、ある日家の電話が鳴りっぱなしになった。また借金の催促かと思ったりした。あまりに電話が鳴るので、受話器を取ったら、大阪の人で「いまテレビを見て、あんたのところで作ってはるリンゴを食べたいんや」という。

エーッと驚いた。それから電話は鳴り止まなかった。三百件は超えただろうか。途中で義父がバイクで帰ってきた。「また何かやったのか」と心配したらしい。借金の催促ではなく、リンゴが欲しいという思いもしない催促であった。

今度は義父が代わって電話に出て、住所を次々と書き留めた。途中で女房と代わったが、電話は鳴り止まなかった。夜の十一時ころまで続いただろうか。あとでＮＨＫのアーカイブスで調べたら、一九九七年十一月二日の放送であることがわかった。

うれしい悲鳴であったが、狐につままれたような感じでもあった。

いまのお客さんのリストを見ると、このときのお客さんが基本になっている。その後、口伝えでお客さんが広まっていった。

「頭を空にせよ」と言った糸川英夫博士

リンゴがまだ小さかったころ、こんなことがあった。日本の宇宙開発の父と言われ、ペンシルロケットで有名な糸川英夫さんから、注文と激励のお電話をいただいた。こちらからも電話をさせていただいた。着信者が十円を払うコレクトコールがあった時代だ。糸川博士がよく言われたのは、「君、頭を空にせよ」という言葉であった。

「既存の考えをみんな捨てなさい。風が頭をすり抜けるくらい空にしなさい。そうすれば必ず答えがあるよ」と言われた。

この言葉は忘れられない。見方、考え方、視点を変えろというアドバイスだった。

時々、宇宙の話へも飛躍した。タイムライフブックスの大きな図鑑を図書館から借りてきた私は、娘のコンパスで地球と火星の間を何度もあてがった。太陽から様々な星にあてがうと、なぜか、地球と火星の間が他の惑星と異なり、倍あることが分かった。「よくわからないんですが、火星と地球の間に星があったのではないでしょうか」と素人質問してみた。

糸川先生は「いや、そんなことはない」と即座に否定されたが、翌朝、電話がかかってきた。「君、とんでもない発見をしたかもしれないぞ。その本の名前と出版社を教えてくれ」と。「いやあ、こんなこと、だれも気づいていなかった」。それが小惑星イトカワ星につながったと聞いている。

対談したこともある宇宙に詳しい佐治晴夫先生（理論物理学者）によると、「以前は地球より大きい星だった」という。温暖化で生物がいなくなり、その時何かのはずみで流星群が衝突したのではと推測されている。

糸川先生は、トヨタのセリカやカリーナのエンジン開発、設計に携り、パッションエンジンと呼ばれる優れたエンジンを世界に先がけて世に出した。トヨタの顧問もされていた。

その糸川先生に出会う前に、トヨタ会長の豊田章一郎さんから、リンゴが成って早いころに注文をいただいたことがある。

「愛知県のトヨタの豊田ですが」。女房が電話の声を黙って聞いていた。女房は相手が冗談でも言っているのかと思い、「変わった人だの」と言った。

当時、豊田さんは日本経済団体連合会の会長をされていた。どうやって私のところにたどりついたのだろう。リンゴが育たず、一番大きいリンゴでも一パックに三十個も入るサイズの頃だった。

私は電話代が払えず、電話を止められたことがある。するとすぐ幼馴染みのダルマモーターの太田昭雄さんが電話局に払いに行ってくれた。そんな貧乏時代に豊田章一郎さんから手紙が届いた。

東京・九段で糸川先生が作ったバイオリンによる演奏会があり、糸川先生を囲む会もあるから、ぜひ来てくれ、ついては十万円振り込んでくれという内容だった。

しかし、こっちは一円もない。「ちょうど仕事でいけない」と丁重にお断りしたところ、そのあと、お金がないのが分かったのか、チケットが送られてきた。

私はチケットを送られたから行くというのでは男が廃ると、次郎長気取りで返送した。もし行っていれば糸川先生と、星や宇宙のことで盛り上がったのになあと残念に思う。

その後、糸川先生が弘前大学にやって来ると聞いた。ところがその方は、本人ではなく、先生の甥だった。お目にかかったとき、「よく間違えられます」と言った。「なぜあなたが、おじさんとお付き合いを」という話から、大いに酒を酌み交わし、盛り上がった。

その後、奥様から電話をいただき、糸川先生が亡くなったことを知った。最期までチゴイネルワイゼンのバイオリンの練習をされていたそうだ。

ずっと励ましてくれた義父

小さかったリンゴが今では近所にも負けない大きさになった。その長い年月の間、私の人生はドラマだらけだ。そうした中で、何よりうれしかったのは義父の励ましの言葉だ。「よくやったなあ」。この言葉を残して義父は逝った。

毎年、義父に「売り上げ何ぼ（いくら）上がった」。これだけ経費がかかって、と確定申告を見せていた。売り上げが八百万円を超えたころから、ちょっとずつ体調を崩していった。「親父、安心したんだべな」と思う。

実家で兄の長男の結婚式があったときのこと。義父が酔っ払って「リンゴ作り、コメ作り、肥料、農薬いらね！」とみんなの前で気持ちをさらけ出した。

うれしい気持ちの半面、みんなから反感をかっているところを、ことさら刺激したくなかった。「さあ、オヤジ帰るべ」と家に連れ帰った。

義父は、それほど肥料、農薬を使わない農業を陰日向で支えてくれていた。解放され、安心したのだろう。しかし今まで張り詰めた糸が切れたように、そのあと痴呆症状が出てきた。

将棋をやればピンとしていて、まるでそういうところは見せなかったが、危うくダンプカーにひかれそうになったことがあった。目の前でダンプの前にゴロンと転がった。「あーっ、下になってしまった」。ダンプの運転手も急ブレーキをかけた。ギリギリで止まり、義父はダンプの下にいた。

義父はバイクに乗ってあちこち行くので、危ないと思い、カギを隠したこともある。

「わのバイクのカギ見えねんだ。おめ、知らねが」

オノ・ヨーコさんが話したこと

ある出版社から「オノ・ヨーコさんが『奇跡のリンゴ』の木村さんに会いたがっている」との連絡が入った。

「なんで」と聞いたら、空港で私の本を読み始め、機内でも止まらず、アメリカに着くまで読了したそうだ。「どういう男なのか、会って話したい」。私は慌てて東京まで行くと、いきなりヨーコさんと並んでのツーショットの写真撮影が始まった。

アメリカ人のカメラマンが迫ってくる。ヨーコさんは胸を大きく開けたファッション。スポットライトが当たり、汗がとめどもなく流れる。それをヨーコさんがふいてくれるから、余計汗が噴出した。

家族に「ヨーコさんの写真を撮って来て」と頼まれたが、それどころではなかった。

撮影は『今あなたに知ってもらいたいこと』というようなタイトルの、ヨーコさんの本のためだったと思う。本の帯は私が書いた。いつもの分かりやすい筆耕文字で書いたら、「非常にお気に入り」ということであった。

ヨーコさんはこう言った。「私がジョン・レノンと出会ったのは活動拠点をニューヨークからロンドンに移した年（一九六六年）。私の個展を見に来てくれたの。その出会いのロンドンに行くと、今でも私は嫌われ者よ」と。

それについてどう思うか、帯を書いてほしいというお願いだった。三行にということでまとめるのに大変だった思いがある。

私は「人には話せないことを、だれもがいっぱい持っている」というようなことを書いた記憶がある。

ヨーコさんの目の前で射殺されたジョン・レノン。続けて発射された弾が少しそれて飛んでいくのを見ていたという。「次は私だと思った」という。

そのあとヨーコさんから一度連絡があった。「アメリカには来ないで。あなたを利用する人もたくさんいるし、あなたを邪魔だと思う人もいるのよ。レノンは、『きれいな環境』とよく口にしていたわ。すごく頑張ってきたわね」と最後はねぎらいの言葉だった。

ダライラマ14世と

ダライ・ラマ十四世から届いた仏像

二〇一六年十一月、私はまだ入院中だったが、ダライ・ラマ法王十四世に紹介したいと、大阪の清風学園（中・高校）から話があった。清風学園は真言宗系の私立男子校である。

ダライ・ラマ法王は三千人の生徒の前で「二十一世紀の仏教」という講演を行った。約三十分、二女の江利とともに法王に謁見する機会があり、興奮した。この学校は学校給食に岡山の自然栽培米を使うなど、自然栽培にとても理解のある学校だ。

冒頭から法王は「地球を平和にするには食べ物が重要です。人間は原点に帰らなければならないと思っています。あなたもそういう話をしていますね」と言う。

それに答えて「私は農業の世界の者だから、肥料・農薬がなかったころの農業はどうであったかと考えました。当時、食べ物の争いで亡くなる人はあまりいませんでした」。ノーベル平和賞を受賞した法王は「いまのアフリカ難民を見て、なぜ争いが起きるのか。平和にならないのは食べ物の影響ではないか。環境の保全と化学物質を使わない農業を勧めているあなたに敬意を表したい」。

そのとき、法王は八十一歳と高齢だったが、年齢を感じさせず、はつらつとしてエネルギーにあふれ、闘病中だった私は元気をもらった。

法王が帰るとき、「私が大事にしているものをプレゼントします。楽しみにして下さい」と言って別れた。今年になってプレゼントが我が家に届いた。なんと二体の仏像であった。「私の分身だと思って」と手紙があった。私だけでなく娘にもと、少し片足を下げた艶っぽい大きな仏像もあった。

お会いしたときに、法衣（金色の刺繍入りの反物）もいただいていたので、ますます重荷を背負ったという気持ちであった。

宗教団体からお声がかかる

日本全国、海外を合わせて私はずいぶん歩き回った。総アゲンストの中で一番先に声をかけてくれたのが宗教団体だった。世界救世教や崇教真光、神慈秀明会などである。それらの宗教団体は肥料、農薬を使わない自然農法の普及に力を入れていた。

リンゴが小さく商品にならなかったころから、「どうか、その農業の話をしてください」と誘われた。講演の依頼であって、宗教そのものの話は一つもなかった。

あまりによく出かけていたので、世間は私を信者のように見たかもしれない。そこで知り合った人がこんな句を詠んでくれたことがあった。「カマド消しといわれて明日の農を拓く」と。

崇教真光で青森の田舎館《いなかだて》村の出身者だという人が家に来て、「私たちも何も使わないのが絶対的目標です。自然界を利用して栽培すること。ぜひ、そのお気持ちとか取り組み方法を教えてくれませんか」と。

また福岡の神慈秀明会の方から声を掛けられ、二十回近く本部でお話した。そこもＭＯＡ

のような美術館を持っている。

そうした講演のひとつで知り合ったテベッテスという米国人が忘れられない。お父さんはロシア人で、アメリカに移住し、医師として成功した人だった。

お酒を飲みながら私とカタコトの日本語で話をした。その教団の中ではお酒を飲めないことになっていたが、二人で一升瓶を立てて飲んだ。そういうときはなぜか言葉の壁を越えて、互いに響き合える。

彼は脳外科医だった。交通事故の多い米国では手が回らないほど忙しく働いてきた。莫大な金を得て、彼は自分の病院を息子たちに譲り、オーストラリアのある部族に定着農業を教えたいという夢を持ち、日本の宗教団体にたどりついたのだそうだ。

私はお酒を飲むと、なぜか英語が分かるようになる。酒ってすごく力があると思う。教団の人から「ここでは酒を飲めないんですよ」と注意されたが、お互いに酔っ払っているから「ハイ、ハイ」と言いながら話を続けた。

私はその遠大な計画に敬服して、リンゴの剪定用のハサミと鋸をプレゼントした。後に、教団の人に聞いたら、「彼なら畑を買って農業をやっている」という。「良かったなあ」と思った。

あのとき「大豆を植えてこうして地面を豊かにする」と絵を描いて説明した甲斐があった。

ひげボウボウのフランス人が訪ねてきた

ある時、パトカーに乗せられ、一人の外国人青年が我が家にやって来た。警察の方が「あなたのことを言っているようだ。肥料や農薬を使わない農業をしているのはここしかないから」と連れてきた。警察では言葉がわからないので、弘前大学に依頼してフランス語の先生に通訳をお願いしたという。

南フランス出身らしいということまでは分かった。何をしている人か、なぜ日本のしかも津軽の弘前に来たのか全くわからない。髪の毛はモジャモジャ、ひげボウボウだった。

女房も少しあきれて、「こんな言葉もわからない人に長く話しても」と言っていたが、子供たちの自由帳を持って来させ、それに絵を描きながら話をした。

こういうときはしゃべるより絵の方が理解は早い。お父さん（マイ、ファーザー）と書きながら彼も一生懸命説明する。ブドウの絵を描いてワインを作っているのがわかった。彼が話すと真面目さが伝わってきた。

絵に石ころをいっぱい描く。スコップの絵。土を掘るとまた石が出てくるような土地柄であることを説明する。ニコニコしながら絵を描く。私も大豆を蒔いたら水をやれと、ジョウロの絵を描いた。絵で十分会話ができる。すごいなと思った。

そういう出来事があったのをすっかり忘れたころだった。女房がテレビを見ており、私はトイレに入っていた。

女房が「お父さん」と叫んだ。急いで出て行くと、テレビに映っていた顔は、髭はそっていたものの、あのときの青年だった。「あのとき、お父さんが描いた絵じゃない？」。テレビに私が描いた絵が映っている。「あっ、あの時、ノーケミカルのブドウをやりたいと言っていた青年だ」と思った。

ボルドー液などの農薬の長年の使用で、地下に重金属層が出来て土がまさにゲップゲップしているような状況だったのだろう。ブドウの脇に大豆を植えて水をやる。その基本的な作業を彼は南フランスに帰って実行したようだ。

まさに私の絵と字である。彼はそれを宝物のように持っていたみたいだ。大豆の根りゅう菌のことは彼も分かっていた。この豆に付いた地中の粒々が、大気中から窒素（N）を取り込む。私が描いたその絵に「ＯＫ」と笑顔で答えていた。

私がまだ借金であえいでいたころだ。テレビでは、私が教えたやり方で彼は土壌を改良し、ワインの金賞を受賞した、というような紹介だった。どこかの教団で私が話したことを聞いてやってきたのか。よくわからなかったが、こんなうれしいことはなかった。

リンゴを生む苦しみを味わっていたころ、神頼み仏頼みではないけれど、宗教とはなんだろうと思って、古本屋で見つけた仏教の本を読んでみたりした。どの宗教もこうしたらダメとは書いているが、「こうしたらよくなる」とは書いていない。

私が宗教に走らなかった理由がそこだった。私の接した宗教団体を否定しているのではない。宗教団体が自然農法という栽培を普及させていくための一番の近道かもしれないからだ。「正しい食を摂っていこう」という教えもよい。宗教団体がマニュアルを作れば、信者は忠実に取り組んでいくだろう。

なぜ私が「自然栽培」というのか、その理由を書いてみたい。私は福岡正信さんの本を読んで影響を受けた。そういうこともあって私も最初は「自然農法」をうたっていた。しかし、ある宗教団体から「それは使わないでください」と苦情をいただき、自然栽培と名乗ることにした。

農家は農法や理屈だけでは食べていけない。まさに作物を栽培し、育て、販売し、その代金をいただいて生活することができる。それこそが、自然栽培ではないかと思うからだ。

私のことを取り上げている新聞記事を見ると、自然農法と書いてあることも多い。「違うんだけどなあ」と思いながら読んでいる。

黒石の耕作放棄地でコメ作り

地元で自然栽培の指導の拠点にするために、使われていない小学校の古い校舎を借りに行ったことがあった。しかしどこも貸してくれなかった。私が畑を留守にして全国を歩かなくても、生徒たちがここで研修を積んで少しでもこの自然栽培を理解し、広げてくれたらと、私の大きな夢の一つだった。

しかし、私の顔を見るだけでもうだめとなった。とりわけ地元・弘前では木村に好意的ではなかった。もう泣くしかなかった。

そうした中で、隣の黒石市の市長が、「このまま過疎化していくよりは、木村に貸したらどうか」と議会に提案してくれたが、否決された。その鳴海広道前市長の思いが、いまの若い市長に届いた。髙樋憲市長（二〇一四年七月就任）は県議五期のキャリアで、青森県の三村申吾知事から私の話を聞いていた。「黒石でぜひやりたい」と思いが募って、農林部長に相談したところ、「私もそう思っているところだ」と期せずして一致した。

ＪＡの組合長から、コメが余って市長にトップセールスをやってほしいと言ってきている。これもいい機会ではないかと、議会でも今度ばかりは「いま、そのときではないか」とすんなり了承された。

髙樋市長から「会いたい」と電話をいただき、めったにない猛吹雪の中を道に迷いながら、やっとのことでたどりついた。耕作放棄地でのコメ作り。古米はＪＡが飼料や接着剤用に処理することになった。

黒石では幻の黒石米による自然栽培が始まった。青森県でやっと始まったという気持ちだ。地元が評価してくれるのはすごくうれしい。本当の地元の弘前はまだまだだけれど、黒石がうまくできたら、弘前も動くと思う。だから失敗は許されない。

二〇一七年四月の雪が解けたばかりのころ、「木村秋則　自然栽培米酒倶楽部」が開講（年六回）した。主催のみちのく銀行・髙田邦洋頭取が音頭を取り、協力には弘前大学、六花酒造の名が並んだ。

その中に、株式会社アグリーンハート代表の佐藤拓郎さんもいた。彼は六代目の農家で、シンガーソングライターでもある。さらには青森テレビ（ATV）で毎週水曜日に「農ｍｕｓｉｃ農ｌｉｆｅ♪」という番組を担当して自然栽培を広めてくれるユニークな存在だ。

まず私は田んぼの去年の稲株を見て、受講生たちに「溝（明渠《めいきょ》）を掘りましょう」と言った。みんなきょとんとしている。どうせ水が入るから、田んぼは湿っていてもいいと受講生は思っている。しかし、そうではない。「土を乾かすことでバクテリア、微生物たちが活躍するんですよ」と。だから一回は乾かさないと田んぼの地力は生まれない。

しかし、なかなかのみ込めない。こうした講習会は月に一回が限度だから、あらかじめ私が書いた『リンゴが教えてくれたこと』など一冊でもいいから本を読んでいてほしい。私はまず農業への志、哲学が必要だと思っている。心が先で、技術はあとから付いてくるという言葉を私は使う。でも、真剣に取り組むということは、あれをどうする、これをどうすると一から質問することではないと思う。

まず少面積で徹底した管理をして、酒や寿司米にするコメを作るつもりだ。あらかじめ黒石市から分けてもらった貴重な種もみを使うので失敗は出来ないから、以前に借りてやっていた田村さんの田んぼ（二十三アール）に植えた。黒石市議会の人が確認に来て、「これはすごい」と驚いて帰っていった。

市は耕作放棄地を少しでも生かしていこうと積極的に動いている。黒石で一番田植えが遅い田んぼになったが、自然栽培ならば問題ない。かつて献上米として活躍した田んぼ（耕作放棄地）が受講生の田んぼになった。大変な状況からの立ち上げだが、長い時間をかけて様々な雑草が生え、農薬や化学肥料を吸い取り、まさに自然栽培に適している田んぼと言ってもよかった。

一年目だから雑草も元気だ。雑草のコナギが強い。刈り払い機でみんなで刈った。中耕除草で稲を植えたあと、浅く条間を耕す。稲は元々雑草のごとく強い。ちょっと手荒い除草にも負けない。寒くて雨が降り不順な天候だったが、黒石市役所の農林部の中田憲人課長も除草の応援に来た。手間隙がかかり大変だが、田んぼは楽しいという声が聞こえた。

酒づくりは弘前にたくさんある酒造会社にお願いしたが、最初、だれも手をあげるところがなかった。六花酒造が協力してくれることになると、うちもうちもとなったが、「じょっぱり」などで知られる六花酒造で作られたお酒は、私が監修する「自然栽培の仲間たち」（ピセ株式会社、久保公利社長）という東京・目黒区自由が丘のお店で販売することになっている。ここは全国の自然栽培の仲間や障がい者から送られてくる野菜、コメ、関連商品を販売する最大のアンテナショップだ。

岡山では「朝日米」を復活させ、すでに自然栽培米でつくった「木村式奇跡のお酒」が出来ている。二〇一〇年に設立されたNPO法人岡山県木村式自然栽培実行委員会（倉敷市、髙橋啓一理事長）はJAとも良き協力関係にある。

この蔵元の菊池酒造の杜氏が弘前にやって来てくれる。使用するお米は当時の青森県農業試験場藤坂支場（十和田）で作られた「ムツニシキ」というお米だ。一九七一年、青森県の奨励品種としてデビューし、寿司米として定評があり、「おかず要らずのコメ」と言われたほど食味が優れている。

青森県は肥料多投型で収量を上げている。しかし、コシヒカリは台風に極めて弱い。この自然栽培をやると節が短いので倒伏しない。ムツニシキは自然栽培に適している品種で、しかもうまい。もち米の交配率が一〇パーセントしかない。アキタコマチは五〇パーセントもある。

コシヒカリは青森が発祥

青森県では昭和三〇年代に品種改良の技師がいなかったため、福井と新潟の技師に来てもらい、青森県に適するコメの品種改良をしたのが「コシヒカリ」となった。産地は新潟を中心に全国に広がっているが、その出所は青森の十和田であった。

そのことを新潟や佐渡の人たちに話すと、「なんで青森県でできたのか。福井発祥ではないのか。初耳だ」などと驚きの声があがった。

私はリンゴがとれなかった時に近所の田村さんの田んぼを借りてムツニシキを作っていた。リンゴが成っていないから、田んぼや野菜をやっていた。この品種は一時、地元の相馬村農協が手掛けていたが、いまはほとんどない幻のコメ状態である。

宮城県のＪＡ加美よつばのササシグレはササニシキの親品種で、栽培の難しさから一時絶滅しかけたこれも幻のコメだった。農薬、化学肥料を使わない栽培に適している性質と、やはり祖先にもち米系統を持たないため、うるち米本来の味でとても美味しい。これもほんの少ししかなかったが、地元農家の長沼太一さんらと七年かけて増やした。

なぜ、私たちは昔のコメを復活させようとしているのか。日本人に多い糖尿病などを考慮してのことである。周辺からは異端児と白い目で見られることは、いまも変わらないが、少し離れた黒石市の市長や議会が声を上げて食の改善に方向を変えられたのは、すごい展開だなと思う。

黒石市の中学校の理科で田んぼの実習があった。今年、市長の賛同を得て、自然栽培の田んぼにした。「子供たちにあえて鍬を使わせて人海戦術でやりましょうよ」と佐藤拓郎さんに言った。いつもはトラクターを使うところを百人で交替しながらの作業、いま、その稲はすごく立派に育っている。

代掻きも手作業で、除草剤も農薬も肥料も使わない。そこにドジョウが戻って来たさまは驚きだ。トンボがのんびり飛んで、あっという間に昔の田んぼの姿が復元された。中学生の体験日記に「こんなに多くのシオカラトンボは珍しい」と書かれていた。これから指にトンボはいくらでも止まるだろう。

同じ青森の南八甲田では、ダイコンを自然栽培で作っている人がいる。ダイコンは種を植え根が生えたあと、収穫するまで時計回りに毎日少しずつ回転している。根毛もねじれているから目でも分かる。ボルトのように回りながら土に入っていく。だからダイコンを抜くときは逆向きに回しながら引っ張れば簡単に抜ける。「わー、生きてる！」。その淡い自然な葉色の左右対称のフォルムの美しさに魅了される。

この話を私から聞いて、回る姿を見たその農家は感激して無肥料、無農薬のダイコン作り一筋に精を出すようになった。ふつうのダイコンを作っている人はなぜ気がつかないのか。消費者もただ食べるだけじゃなくて、その生態を見たらダイコンがもっと美味しいと思う。地球からのプレゼント。人間は科学の進歩によって、どこか間違った道を歩き始めたのだと思う。

大手スーパーの経営者が契約栽培の農地を継続しながら自家栽培の野菜もやり始めている。その影響か、岩木の地元のスーパーの店長が「本社から挨拶を」ということでやってきた。店に並べる野菜に含まれる硝酸態窒素（体内に入ると有害物質に変わる）の数値を表記できるコーナーを作れとの指示があったそうで、少しずつではあるが、前進しているのがうれしい。

以前からお付き合いのある東京・羽村を拠点とするスーパー、福島屋の福島徹会長は、早くから硝酸態窒素の数値を示し、「安心・安全・健康」を届け、消費者に受け入れられている。福島屋の六本木店に行くと「『奇跡のリンゴの木村』さんが来店しています」とマイクでがなりたてられるのには閉口するが、どのスーパーも真剣に取り組むべきことだと思う。

これもいままで蒔いてきた種が少しずつ芽を出しているのだと思うとうれしくなる。日本が百パーセント変わらなくても一部でも変わってくれればと思っている。

農協（JA）の中でも先見の明で少しずつ動いているところが、自然栽培も成果を出してきている。私はJAを否定するわけではない。JAは郵便局と一緒で農家の毛細血管のようなもので、日本の隅々まで行き届いている。私は当時、地元のJAには目の敵にされたが、JAの一部が気持ちを変えることで日本の農業は変わるだろう。

JAはネクタイを締めた人が多すぎる。本来JAは農業協同組合で、相互扶助の精神のもと農家の生活を守ってくれる存在のはずだ。私はもう少しJAの人たちが見聞を広めるべきだと思う。昔の全農のロゴマーク（農協マーク）には、協の字の十の上に稲穂が垂れていた。ところが、いつしかコメは過剰だと言われ、減反のためなどに無駄な税金がすごく使われるようになった。

減反などしなくても、一反当たり七俵もとれたら、日本のコメの需給バランスがとれるようになる。それこそ何もいれない自然栽培の世界にぴったりだ。JAが勧めるままに除草剤、農薬、化学肥料を投入し、一反十俵もとるからコメが余るのだと思う。

佐渡では島をあげて自然栽培

新潟県のJA佐渡と佐渡市は、島をあげて自然栽培に取り組んでいる。

最初は「鳥（国の特別天然記念物・トキ）と人間どっちが大事なんだ」と地元の農家は息巻いていたが、「トキがなくなると元金山というだけのイメージしかないよ」と私は率直に言った。新潟から片道六千円かけてジェットフォイルで幾度通ったことだろう。

佐渡市はトキの餌場確保と生物多様性のコメ作りを目的とした「朱鷺と暮らす郷づくり認証制度」を立ち上げ、慣行農業比で五割以上の農薬・化学肥料を削減し、「朱鷺《トキ》と暮らす郷認証米」（通称、朱鷺米）として販売している。「佐渡トキの田んぼを守る会」の頑張りもあったが、ここまで来るのに七年かかった。

石川県羽咋市では四十九年ぶりにトキが舞い降りてきた。その田んぼの持ち主は大規模の農家だが、これくらいの面積なら自然栽培をやってみようと思ったという。しかも一年限りならいいかと。そこにトキが舞い下りたものだから、この田んぼにいるのが楽しくなって、大きな田んぼは息子に任せて、その田んぼにいることが多くなったという。

最初はサギだと思った。そばに行くと逃げると思い、家に帰って孫の双眼鏡を借りて見たら、紛れもなくトキだった。ＪＡに連絡したらあっという間にマスコミが群れ集まり、市長は防災無線で「トキが戻りました」と興奮してアナウンスした。

羽咋市では私の講演をきっかけに二〇一〇年十二月からＪＡと共催で年間六回の「自然栽培実践塾」が始まり、その三カ月後に岡山が動き出した。羽咋市のように市がやる、ＪＡがやると言えば、みんながまとまる。

二〇一一年、私が自然栽培のコメ作りを指導した石川県能登地域、新潟県佐渡市の二地域が、ＦＡＯ（国際連合食糧農業機関）によって、ＧＩＡＨＳ（世界重要農業遺産システム）

中田英寿さんとリンゴ畑で

に認定された。肥料、農薬を使わない自然栽培は「自然栽培AKメソッド」（木村秋則式）として紹介され、国連機関に認められたのは日本初のことだ。行政とJAが協力していけば、日本は世界に無い農業国として生まれ変われるのではないかと思っている。

中田英寿さんと足比べ

元サッカー日本代表の中田英寿さんがふらりと遊びに来たことがある。

ずいぶんとお酒が強い人だった。互いに飲んでいい気持ちになったころ、ズボンを捲り上げて足（脚）比べをした。中田さんの筋肉だらけの足の硬いこと。現役を終えてもすごいものだと関心した。向こうは百万ドルの足。こっちはただの足。

世界を駆けるビジネスマンの顔も持つ中田さんは、「酒を作りたい」と言った。添加物の入っていない自然の酒が欲しいという。

「岡山ですでに作っている酒を欧州で売ったらすぐ売れてしまった。もっと作れないか」。日本酒を本格的に欧州に売り込みたいと言っていた。私は、これから黒石で作る自然栽培米は酒と寿司米にするつもりなので、その可能性を伝えた。

第　4　章

同じ思いでつながる世界の仲間

「AKメソッド」って？

東北大学の山内文男教授（現、名誉教授）が、「木村君、君が言っていることが正しいかどうか、実験しよう」という。

仙台の大学近くの農園にハツカダイコンの種をまいた。ハツカダイコンは生育が早く、結果を見るのも早い。

①堆肥をやったもの

②化学肥料をやったもの

③何もやらないもの

この三つの畑を十メートル以上離して植えた。

①②の成長は早かった。③は芽が出てくるのも遅かった。

しかし、そのうち、①②に一斉に虫の攻撃が始まった。③には何事も起きていない。結果、①②のハツカダイコンは商品にならないほど痛めつけられた。特に②はアブラムシで手もつけられなくなった。③は落ち葉についた虫が葉っぱに穴を開けた程度だった。

学生たちは初めて納得した。

この山内先生が米国に出張した。リンゴ地帯の見学のためだ。オーガニックのリンゴ農園に行くと、木にバケツがぶら下がっていた。山内先生はどこかで見た光景だなあと思ったそうだ。農場主に尋ねると、「あなたたちは日本人なのに知らないのか？」と言われた。「我々はオーストラリアの農場からこのやり方を聞いた」という。「何をしているのか」と聞くと、「蛾を集めている」。いわゆる「誘蛾誘殺法」だ。

蛾などの害虫対策として、リンゴ等の果実をアルコール発酵させた液に入れたバケツを、木の枝に吊るしておくと、蛾はバケツに誘い込まれて駆除することができる。バケツは、小さなおもちゃのもので充分だ。赤や黄色の暖色系を選び、人間の目の高さに吊ると効果がある。

その農場主は、このやり方を「ＡＫメソッド」と答えたそうだ。山内先生は、何回も私のリンゴ園にやって来て、バケツを見て、「ああ、これだったか」と納得した。しかし、いったいだれがこのやり方を外国に伝えたのだろうか。

その山内先生が学生たちとともにまた弘前にやってきた。無肥料、無農薬の田んぼの稲の成長を見て、先生は「木村君は隣の田んぼの肥料でコメを収穫しているんだ」と断定した。

その次の年、一九九三年、九四年と東北は冷害に襲われた。学生たち数人と愛車のブルーバードに乗って先生がやってきた。周囲の田んぼは惨たんたる状況だった。私が借りていた田村さんの田んぼの稲は見事に実っていた。

隣とは六十センチのあぜ道で仕切られている。隣は肥料・農薬たっぷりの田んぼで壊滅状態だった。

「先生、私の植えたこの田んぼ、ちゃんと実っているでしょう。先生、この姿どう判断しますか。先生は、去年は隣の肥料で育ったと言いましたよ」

「うーん」。先生はしばらくうなっていた。そこで隣とこちらの田んぼの土を持ち帰って調べることになった。

結果が出た。先生が隣から浸透してきたと推測した肥料分は、全く検出されなかった。それどころか、先生は「バクテリアの数が違う」と驚いた。

ビジネスで堆肥に投資をしていた先生の頭では、なかなか理解し難い事実であった。「作物には何かを与えなければならない」が常識でもあった。先生は、そうではない世界に戸惑っている様子だった。

弘前大学の杉山修一教授も、最初は「この栽培をやっていると、雑草の根が燐酸欠乏になり、収量が大幅に落ち、継続不可能になる。その年数は十〜十一年」という学説を唱えていた。

しかし、「先生、なぜ私は継続して生産できているのですか」と私に聞かれて「それが不思議なんだよ」と、この世界に真剣に取り組み始めた。

燐酸が欠乏しても、それを補うバクテリアが働く世界がある。自然界は絶対値が1を超すものもないし、1を下回るものもない、と私は思っている。いつも均等に1を守ろうとする働きがあるのではないか。

自然栽培というのは、単に農薬と化学肥料を使わない栽培ではない。根本には土の偉力があり、それは無尽蔵、無限の可能性を秘めているということだ。土の中に雑草があり、雑草の根には様々な生き物が生息しており、それらが活動して食糧を生産してくれる。

先生たちはこのような点をなかなか理解してくれなかった。手っ取り早く、見た目でしか

粕渕辰昭さん（左）と

判断しなかった。学会の常識という偏見から逃れられない。そういう方は長く「観察」するということがない。見えないところに真実がある。地下の根に真実があるのだ。

自然栽培は、農薬、化学肥料の否定ということではなく、土と地球の創造的な話なのだ。ある意味、これまでにない高度な学問が必要な領域で、学問の光はそこに当たっていなかった。それだけ奥が深いということだ。

山形大学名誉教授の粕渕《かすぶち》辰昭（農学博士）先生は、私の本を読んで興味を持ち、自然栽培のコメづくりを始めた。既存のものとは違う世界で「こんなに穫れますよ」と批判する人たちに実証してみせている。

十年前に実験した最初の圃場《ほじょう》は農学部の田んぼだった。ひどく荒れた状態から始めたが、七俵とれた。「土の力でやればできます」と、いまでは十アール（一反）平均十俵から十二俵という驚きの収穫を成し遂げ、栽培面積も十五ヘクタールに広がった。

「この栽培は自然の摂理に合い、理にかなっている。工夫のし甲斐があって楽しい」と先頭に立ってやっている。「やればできる」。自然栽培の強い味方である。

還暦を迎え韓国で

二〇〇九年の夏、リンゴ園の木陰で韓国の「朝鮮日報」特派員の鮮于鉦《ソズジョン》さんとのんびり農業の未来について語り合った。著名なジャーナリストである鮮于さんは東京からベンツの小型車で運転してやってきた。夏休みを兼ねての取材らしい。取材の後、彼は十三湖《じゅうさんこ》に向かった。彼から韓国でも自然栽培が高い関心を呼んでいることを知った。

そのあと、一緒に取材を受けた友人とよく行く岩木山神社のまん前にある温泉旅館中野の食堂でラーメンを食べた。ここの津軽ラーメンは、煮干しで出汁をとっていてうまい。店内にいても本物のウグイスの声が聞こえる。

ロボットと記念撮影（ソウルで）

弘前は、ＪＲ東日本のＣＭで吉永小百合さんが宣伝する前から、歴史とハイカラなフランス料理が売り物の城下町である。青森空港とソウルは直行便で二時間二十分で結ばれており、韓国から私の農園を訪れた人たちは数え切れない。

同じ年の十一月二十日から女房同伴で四泊五日の韓国講演ツアーに出かけた。それまでも韓国には農業指導に何十回と出掛けている。私は京畿道《キョンギ》の金文洙《キム・ムンス》知事（当時の次期大統領候補）や聞慶《ムンギョン》市の市長から名誉道・市民に表彰されるなど、急激に韓国で知名度が高まっていた。

韓国では有機農法がこれからの主流となり、自然栽培への道が開かれようとしているのを感じた。

慶尚北道にあって、韓国のリンゴのふるさとと

放置されていたリンゴの木

言われる聞慶市で講演をした。黄土で作られたしゃれた家々が並ぶ、高台にある公園に案内された。

近くには有名な峠がある。俳優で実業家のペ・ヨンジュン氏も別荘地を買ったという景勝地だ。トイレに行くつもりで坂道を登っていくと、そこに見捨てられたリンゴ園があった。

リンゴを手にしてみた。氷点下の気候でリンゴは一度凍り、鳥についばまれたものは腐ったようになっている。ところが、一部のリンゴは、自然解凍された状態になっていた。かじってみると、嫌みのない純粋な味が素直に感じられ、スッとのどを通った。

「ここは何年かな。五、六年は見捨てられて、農薬も肥料も使われていない。リンゴは小さくて腐りかけているけれど、どうです。おいしいでしょう?」と同行の人にリンゴを一つ差し出した。

私は韓国の今後を象徴するリンゴ園との邂逅だと思った。この場所を、韓国におけるリンゴの自然栽培の発祥地にしたらいい。これほどふさわしいところはない、と私は思った。

地元の人は、こんなことは考えもしないだろう。私は百も承知で、なんなら自分でやってみようかという気持ちさえ湧いた。

案内した人も、私の話を興奮気味に聞いた。私も、その素直なリンゴの甘さと景色が重なり合って、ふとこの山上に夢が実現するのではと思ったりした。

だが、現実は厳しいだろう。どれだけの力がいるだろうか。

当地での講演の終わり頃、私は少々いらついたようだ。

リンゴに袋をかけている弘前の農園のスライド写真に対し、

「それは何のために袋をかけるのか」という質問が寄せられた。

「シン食い虫を予防するためです」と、私は答えた。

「じゃあ、それは自然栽培ではないのでは」と、地元の農家の人は疑問を投げかけた。

これに対し私は、「あなたたちは何を聞いているんですか。私のリンゴは無肥料、無農薬で栽培していると言っているでしょう」と応答した。

私はいつも自分の手と目が肥料であり、農薬であると言っている。これには骨身を惜しむなという意味もある。観察眼が必要だということだ。

自然の淘汰の中でこれまでいなかった虫がいつ発生するかもしれない。自然はいつも危うい。しかし、肥料や農薬に頼らず、土や葉っぱ、花や気候の変化を観察し、最良の対応をする。これこそが地球環境に害を与えず作物を生かしていく自然栽培なのである。

「リンゴに袋をかけて虫を予防する。そんな手間暇のかかることは自然栽培じゃないというのなら、あなたたちには学ぶ資格がない」と言いたかった。この講演旅行で私の体は限界だった。参加者は熱心に聞いてくれていると思ったが、根本的なところで全く理解されず、私は疲れ果ててしまった。

急激に風邪が悪化した。翌日は何も食べられず、日本に帰る飛行機で熱が四十度近くになって、空港の検査にひっかかった。帰国してからも本調子に戻らなかったが、年末のハードスケジュールを何とか乗り切った。

韓国に行って思ったことは、早く後継者をつくらなければならないということだ。それも複数の自然栽培を担う人たちだ。私は還暦を迎えたばかりだったが、私の夢はあまりに果てしなく、時間が足りない。

来年こそ、スケジュールを緩やかにと思うのだが、そうもいかない。一日も早く、指導者を養成する木村学校を開校したいと思った。それも「寺子屋」のようなものでいい。吉田松蔭の松下村塾みたいに真剣に取り組む若者が、自然栽培を世界に広める役目を担ってほしい。こんな時代だからこそ、すごい若者が出てくるのではないかと期待して。

ゲーテも同じことを書いていた

ドイツにも何回か行っているが、フランクフルトにあるゲーテハウス（ゲーテ博物館）の館長さんが、私の講演を聞いて「ほれ込んだ」という。絵に描いたようなカイゼルヒゲ。日本人の観光客があまりに多くて、日本語を自然に覚えたという人だ。

「あなたの講演を聞きました。感激しました。そこで私はだれにも公開していない『ゲーテの日記』をお見せしたい」という。

日記は印刷されたようなきれいな文字で書かれていた。

ゲーテ「イタリア紀行」１７８７年4月26日シチリア・ジルジェンティにて。

Die Folge ihres Fruchtbaus ist Bohnen, Weizen, Tumenia, das vierte Jahr lassen sie es zur Wiese liegen.

(Johann Wolfgang von Goethe) *Italienische Reise. 1816～29*

「彼らの耕作の順序は、豆（ソラマメ）、小麦、トゥメニア（夏の穀物）で、４年目は草が生えるままに放任する」

「ここには、草をはやしなさい。大豆をまきなさい」と書いてあります。

「えーっ」と驚いた。

「本当ですか」

「そうなんです。あなたが言っていることはゲーテと同じ内容なんです。あなたの午前中のスピーチと一緒なんです」

十八世紀の人間と私が同じことを言っている。一万二千キロも離れているこの日本人の私とゲーテが同じことを言っている。まさか？「麦を植えなさい。雑草をはやしなさい」と。館長はこう付け加えた。「この本はみなさんには絶対にお見せしないんです」

ゲーテの父は銀行家の大富豪で、農業の未来を憂えていたという。世界はどこかでつながっている。

自然栽培の普及活動は「温故知新」だ。「革命」ではなく、ルネサンスなのである。

農業の問題は、食物の問題にとどまらず、環境問題である。生物の多様性を確保するためにも自然栽培の普及が必要だ。ドイツのクラインガルテン（市民農園）こそ、自然栽培実践の場として有効だと思う。

木村式の自然栽培は、雑草等で土壌を改善した後、大豆、麦、野菜を並行して植え付ける。ゲーテが見たシチリアの農民は、これを四年のサイクルで栽培しているように思える。

自然栽培は安心、安全、環境のすべてを満足させられる栽培だ。キリストの生きていたころは、もちろん肥料も農薬もなかったから言わなかっただろうが、もしいま生きていたらキリストも同じことを言ったと思う。

ちょうどゲーテが言ったように、化学肥料、農薬に頼らず、

- 雑草をはやしなさい
- 豆を植えなさい
- 次に麦を植えなさい
- それを繰り返しなさい

——そう言ったと思う。

これはみんなが、だれもができるやり方である。

私は子供のころから、農民画家であるジャン＝フランソワ・ミレーの「種をまく人」の絵が好きだった。みんなの食を作っているという農民の誇りと自信が感じられる絵は、アゲンストの風の中で私の心を和ませてくれた。

たとえ砂漠であっても、雑草が生える土をつくっていけば、種を実らせることができるようになる。私は「草が、緑が、雨を呼ぶ」とよく言っている。

民放のテレビで気象予報士が同じようなことを言っていたのには驚いた。緑のない砂漠には雨が降らない。それに疑問を持ち、鳥取砂丘を研究した。なぜ緑のあるところには雨が

降って、緑のないところには降らないのか。草や木が雨を呼んでいるのではないか。海では海水が温まり、蒸発して水蒸気となり、空に上って雲になる。やがて雨となって大地に帰ってくる。

私は、草は〝草語〟を話していると思う。草は雲とも話をする。

自然栽培の稲は約九十日で穂が出てくる。肥料をやると、七十五日くらいで穂が出て花が咲く。しかし、この穂は未熟のまま出ている。自然栽培は一見生長が遅く見えるが、そうではない。天気が悪ければ生長が止まるが、回復するとグングン伸び、受粉する。

スピードアップ一辺倒の現代とは少しペースは違うが、次第に肥料を施した稲に追いついていく。

最初は土の下が育つから、生育が遅れているように見える。しかし、いずれ追いつく。一般の農家はすぐ見た目で判断し、肥料が足りないと思って追肥してしまう。

肥料をやった稲を見ると、最初に生えた葉っぱがみんな垂れて黄色くなっている。これは「肥料が足りない。腹が減った」と言っている証拠だ。自然栽培の稲の葉はみんな立っている。このため根元（条間）の風通しがいいから、イモチ病が来ない。

複数の積乱雲が列をなして同じ場所に数時間停滞したり通過する、線状降水帯が日本を暴れ回っている。昨今の気候は様変わりになっている。

二〇一七年夏、青森県の太平洋岸は夏の冷たい湿った風（ヤマセ）が吹いて、冷害が心配された。本来、県南のヤマセは、六月から七月にかけて発生するが、今年のように、八月末になってもヤマセが続いているのは、ありえないことだ。季節はもう秋に入った感じだ。

私のリンゴ園は下草を刈ることで寒暖の差をつくり、リンゴに「秋が来たよ」と知らせている。見栄えや作業がしやすいから、草を刈っているのではない。天候不順でもベストを尽くしている。

メルケル首相との出会い

ＥＵオーガニック協会（スイス本部）が主催した、ドイツ・ケルンにおける農業祭でのこと。

盟友である、下堂薗茶舗の下堂薗洋さん（下さん）は、小さなブースを借りてお茶の実演販売を行っていた。「きょうはドイツ政府の関係者がやって来るかもしれない。ひょっとしたらメルケル首相も来るかもしれない」。なんとなく慌しい雰囲気があった。

声をからし、「ジャパニーズ　グリーン　ティー」と叫んでみても、足を止めて受け取ってくれる人はいなかった。そのうち遠くのほうがにぎやかになって、高く掲げたテレビクルーのマイクが見えた。「もしかしてあれは政府の一行ではないか。そうに違いない」。下さんは急いでお茶の準備にとりかかった。

下さんは、どっとやって来た団体に、お茶を持っていく係だった。ブースの前で足を止めた彼らは、バイオダイナミック農法認証団体の事務局長のピーターに、「これは何？」と聞いた。

ピーターは日本語で「お茶」と答えた。最初の人が「うまい」と言ったので、みんなが「お茶、お茶」と日本語で連呼する。

私はお茶を入れる係だったが、あまりの人数に追いつかなくなった。ケルン市長も「うまい」と言った。配膳が間に合わなくなり、私と下さんの二人でお盆をもって配った。

そこで私はメルケル首相とご対面となった。下さんが下手なドイツ語で挨拶した。全く通じなかったが、メルケルさんは興味深げにニコニコして応対してくれた。水色の目がとても印象的な女性だった。

　この私と下さんの二人がお盆でお茶を運ぶ模様は、その日の夕方のドイツ国営放送で流れた。その後、下堂薗茶舗のお茶がドイツで売れ始めた。

　ピーターから鹿児島にメールが届いた。「もう一度ドイツに来てくれ。メルケルが会いたがっている」という。下堂薗茶舗はドイツにお茶を販売する会社を創設した。

　またどういうわけか、トップセールスのため何度も中国入りしているメルケルさんが、当時の中国の江沢民《コウ・タクミン》首相に「日本に世界で稀な栽培をしている生産者がいる」と紹介したそうだ。私は、二〇一五年に弘前大学の黄孝春《コウ・コウシュン》教授と一緒に中国へ行ったが、その時、政府高官がいたのも偶然ではなかったのかもしれない。

　メルケルさんの首相補佐官から、弘前の自宅に直接電話をいただいたこともある。日本語の上手な女性で「木村さんは、いまどんなことをされていますか」と尋ねられた。女性首相だからこそか、メルケルさんは「食の安全」に関心が向いているそうだ。

　中国大使館や韓国大使館など国旗をつけた車が我が家に来たのは、一度や二度ではなかった。

ソウル大学の学生五人が訪ねてきたこともあった。片言の日本語で会話したが、韓国の若い人たちは決して日本嫌いではなく、むしろ憧れを抱いていることが分かった。彼らは「韓国には仕事がない」と言っていた。眼鏡のレンズの厚さを見れば、秀才たちであることは分かった。

ミラノ国際博覧会で講演

二〇一五年十月、「地球に食料を、生命にエネルギーを」のテーマで開かれたイタリアのミラノ国際博覧会で講演をするため、私はイスタンブール経由でミラノの空港に降り立った。

今回、行きは一人で外国に乗り込んだため、とても心細かった。空港の身体チェックでベルトを外したが、何とそのベルトを忘れて出てしまった。ズボンを押さえながら荷物を運ぶおかしな姿に、篠田昭新潟市長が「おっ、あの歩き方は木村に違いない」と声をかけてくれ、ホッとした。

日本のブースでは和食のPRを行っていたが、来るのは日本人ばかりだった。外国人がほとんど見当たらない。少しかわいそうな気持ちになった。

私は、あまり調子がよくなくて我慢していたのだが、スローフード協会主催の講演会場で右腰のあたりがしびれて歩けなくなり、車椅子を使った。長旅からの神経痛くらいに思っていたが、今から考えれば、胃ガンの前触れだったようだ。下堂薗洋さんも、大腸ガンにかかって、「カカトがしびれる」なんて言っていたが、末期ガンであった。私も長旅でガンの痛みが出たのだろう。

ホテルでは湯船にじっくり浸かりたかったが、ここはイタリア。毛布を体にまいて体を暖めた。ホテルから百メートルもないところに、ダ・ヴィンチの「最後の晩餐」があるサンタ・マリア・デッレ・グラツィエ教会があった。布教するキリストと弟子ユダの裏切りの絵だ。一度本物を見たくてチケットを手配してもらったが、歩けず、ホテルで横になったままだった。

スローフード協会主催の農業関係者の大会は、八十カ国から集まった農業に従事する若者を中心に、六千人の聴衆が集まり、すごい熱気に包まれていた。

最初のインド人のスピーチが終わって休憩に入った。二十〜三十分して、遅れて着いたカルロ・ペトリーニ会長のスピーチを聞いた。その姿を何とか写そうとしたが、外国人の大きな背中の間で小さく写すのがやっとだった。

　私は五番目に登壇した。壇上に上がると、スクリーンに弘前の畑の風景が滝のように流れた。

「二十一世紀は農業ルネサンスの時代だ」というテーマで、肥料、農薬、除草剤を使わない自然栽培のリンゴの話を中心に、安心・安全な農業の復活を呼びかけた。

　講演が終わり、さあ帰ろうかなと思っていたとき、七～八人の若者がダーッと私の周辺に集まってきた。

「日本の食は怖い」という彼らの言葉が、ヘッドホンの通訳を通じて入ってきた。「日本の残留毒規制は甘すぎますよ」とのっけから批判である。

　サリーを着た女性が通訳をしてくれる。

「彼らはこんな話をしています。ヨーロッパの基準に比べ、日本の食材を私たちは信用していません」と強い言葉で言われた。「日本は肥料と農薬に麻痺した国民だ」と。

　それは野菜の硝酸態窒素の話だった。硝酸態窒素が体内に入ると、亜硝酸態窒素という有害物質に変わり、血液中のヘモグロビンの活動を阻害して酸欠を引き起こし、死に至ることもある。

発ガン性物質のもとになったり、糖尿病を誘発するとも言われている。原因としては、化学肥料の多投や家畜糞尿の未熟堆肥の使用が考えられている。

私たちは、会場を後にする人たちの流れに逆らうように、隅に寄って話をした。

確かに日本では硝酸態窒素への取り組みがにぶい。ヨーロッパでは三千ｐｐｍ以上の硝酸態窒素が検出された作物は出荷されない。

「日本には規制はあるのか」との問いに、

「ほとんど無視されている。一万ｐｐｍ以上のものも出荷されているのが現実です」と答えた。

彼らは、食の安全性の点から二〇二〇年の東京オリンピックは「怖い、危険」と、痛いところを突いてきた。このとき現地で聞いた話では、「イタリアのスポーツ選手団には我々の食材を空輸させる」という。

しかし、私は、「日本は世界にない技術を持っている。この技術でオリンピック・パラリンピックの選手団、役員の人たちを迎え入れたい」と言った。

彼らは、「それはどんな栽培か」と間髪をいれず聞いてきた。

「私は無肥料、無農薬のファーマーだ」と言った。

しかし、彼らは「ありえない」と信用しなかった。ここには証明するものがない。「どういう栽培か」との質問に、私はとっさに「ＡＫメソッド」と答えた。

自然栽培は「世界のどこにもなく、世界で一番安全な究極のやり方だと確信している」と言ったが、通訳を通じてどこまで伝わったたか。

彼らの言うように、日本の食材が安全だと思っているのは日本人だけかもしれない。

彼らも少しは理解してくれたようだが、時間がなかった。私は、その場でコピーしたＵＳＢメモリーを「これを見てください」と渡した。私が日ごろ訴えている硝酸態窒素への取り組みがパワーポイントに入っている。

私を取り囲んだ人たちの国は皆ばらばらだった。二十人ほどの人数に膨れ上がっていたが、一人ずつ握手してくれた。彼らに私は「みんな頑張りましょう」と言った。

農水大臣に訴える

私は、ミラノで若者たちに言われたことが頭にこびりついて離れず、ショックであった。現地で一緒になった林芳正農林水産大臣（当時）にそのことを話すと、大臣は「えっ」と驚き、すぐ本省へ電話し手配してくれた。私は帰国してから農水省の食品安全政策課の課長さんに会い、「硝酸態窒素の厳しい規制が必要です」と訴えた。

課長さんは、法律書のその部分を開いて、「規則はありますが、ほとんど農協法に依存しています。私も大臣に聞いて初めて読みました。こういう規則があるのを知りませんでした」という。まさに規制はあってなきが如しだった。

私は早くからこの硝酸態窒素の規制問題に取り組んできた。「日本も国がリードしていかないと」と苦言を呈してきた。

お酒、寿司、和食——。世界の共通語となった日本食に対する世界の関心は高い。その一方で、日本の食材に対しては硝酸態窒素や残留農薬の批判も大きい。

二〇二〇年のオリンピック・パラリンピックでは、世界にない自然栽培の食材でお迎えし

林芳正農水大臣（当時）と

イタリア・食科学大学での講演（イタリア、ピエモンテ州ブラ）

ましょうと、大きな声で言いたい。私は、このイタリアの出来事を忘れることができない。五輪に向けて自然栽培の食材を集めよう――。三國清三さんほか一流のシェフたちが、ヨーロッパに太刀打ちできる食材を使いたいからリストアップしてくれと言ってきた。私はホームページを活用して自然栽培をやっている生産者に呼びかけるつもりだ。

ミラノ博覧会会場から高速で二時間以上飛ばしてスローフード協会国際本部があるピエモンテ州のブラに着いた。ここはスローフードの聖地である。ミラノ博覧会の講演の後に、スローフード大学とも呼ばれるイタリア・食科学大学（University of Gastronomic Sciences　スローフード協会のイニシアチブで二〇〇四年に開設された大学、生徒数＝六十カ国以上、五百人）で講演を行った。

広大な畑を見せてもらい実技も行った。自然生態系農場といっても、野菜の種を植えて肥料、農薬を入れないだけの畑である。「違うんだよ。こうしてやるの」と、四十度の猛暑の中、土を掘り土中の温度を測った。もっと科学的なメスを入れて研究してほしいと思った。

ブラでは幼稚園の園児たちとも植物の話をしたりして、なぜか「あなたは日本人じゃない」

スローフード協会のロゴの前で

幼稚園の園児たちの人気者に（イタリア、ピアモンテ州ブラ）

と人気者になった。

「私も同じ考えです」

翌日、宿泊したホテルでスローフード協会のカルロ・ペトリーニ会長と話をする機会があった。会長はエレベーターに乗るにも首を曲げて入らないとぶつかってしまうほどの大男だった。とてつもない体格の男だったが、「植物には感情やコミュニケーション能力があることを見逃している」という発言内容にも驚かされた。

もっとも興味深かったのは、「『種の起源』を書いたダーウィンは、まず最初に、植物には命があり魂があると言った」ということ。我が意を得たりの思いだった。

ところが、科学はダーウィンの思う方向に進まなかった。カルロ会長は「我々はもう少し謙虚になって、植物や命あるものに対する姿勢を変えていかなければならない」と言っていた。

私が、「会長と私は同じ考えです」と言うと、すごく喜んで、身を乗り出して巨大な手で握手を求めてきた。

スローフード運動はたくさんの反対の声を受けながら歩んできた。どうやってここまで大きくなったのかと尋ねたら、「正しいものは知らない間に広まっていく」という答えだった。スローフード協会のシンボルマークはカタツムリだ。「自然は急がない」からだそうである。カルロ会長は、私が持参したリンゴジュースとリンゴをとても喜んで、宝物のように抱いて帰った。私は、頭をかがめてエレベーターに乗るカルロ会長を見送った。

私は自分が提唱している自然栽培もきっといつか、この協会の発展のために力を出せる時が来ると思った。あまりに私の思っていることと会長の思っていることが一致して、全く同じ道を歩いていると感じた。

私はただの生産者にすぎないが、カルロ会長は私と同じ思いを世界中に普及させた。思いと技が一つになれば、世界中にルネサンスが始まる。本書がその起点になればと思う。

中国政府高官との対面

私にとって国内は相変わらずアゲンストの風だが、海外で大きな追い風を受ける出来事があった。二〇一五年三月、中国でのこと。弘前大学人文社会科学部の黄孝春教授から、「中国で農業を教えてくれないか」と誘われた。

「体調を崩して行けない」と一度は断ったのだが、「どうしても」と請われ、まず揚子江沿いにある大都市・武漢《ブカン》に向かった。黄先生も通訳として付き添った。

武漢の一角はヨーロッパ風の街並みで横文字だらけだった。雨が降り続き、途中トイレで雨宿りをしたこともあった。私を招請した人は大金持ちで、七十ヘクタールもの広大な農地を所有していた。私はそこでブドウ、ナシ、モモ、クワの自然栽培を指導した。クワの実は食べたことがなかったが、とてもおいしいと新発見した。

さて、その七十ヘクタールの畑で指導をしていると、大きな眼鏡をかけたジャンパー姿の人が私の話を熱心に聞いているのに気づいた。辺りにはボディーガードの人がいたので、中国の偉い人なのかなと思っていると、通訳の人が「政府の高官です」と教えてくれた。

その人は、「明日の朝刊を見てください。日本から来客があり、北京に待たせていますのでこれで帰ります」と引き揚げた。眼鏡の人は二日以上も現地にいて、視察していたそうだ。

翌日の新聞の一面には巨大な見出しで、「食の安全、環境改善に前進しよう」と書かれてあった。その高官は私に「十年で中国を変えます。お願いです。砂漠にもう一度植林して昔の姿に戻したい。どうか協力してほしい」と言い残した。私も「乾燥に強い作物を植えて、まず砂漠を少しでも変えていかなければなりません」と答えた。

食の安全、安心という言葉が新聞の大きな見出しになったのは、中国では初めてという。上海の中国銀行の人たちも同行していた。

大きな中国が変われば、大きな変化をもたらす。たとえ全部でなく部分的であっても、変わっていけば、地球環境の保全には大きな意味がある。

北京ではリンゴの自然栽培が本格的に始まった。私は、優秀な精華大学出身の人が多く勤めている、中国林業試験場にある十五ヘクタールのリンゴ園に招かれた。北京のリンゴの収穫量は日本よりも多い。中国の消費者は日本のように大きなリンゴを求めるが、まだその技術を知らないので、小さいものが多い。しかし、乾燥地帯だから日本と違ってリンゴの病気が少ないという特徴がある。大きな発展の可能性を秘めている。

第　5　章

人にも自然にも優しい農業を

「農福連携」の先駆け「べてるの家」

私は、北海道浦河にある社会福祉法人「浦河べてるの家」を時々訪ねている。みんな私が来るのが分かっているから、玄関で待っていて底抜けに明るい歓迎をしてくれる。

この施設は、統合失調症はじめ精神疾患を抱えた人や障がいを持つ当事者たちの地域活動拠点として知られている。生活の場所として、働く場所として、またケアホームとして百人以上が働きながら暮らしている。日高昆布の製造・通販など事業収入がなんと一億五千万円も上がる驚異の福祉法人なのである。

就労の一つとして畑で野菜を作っている。もともと小規模に野菜を作っていたが、私が講演に行ったときに、「できた作物を販売して施設の運営に少しでも役立てたらどうですか」と提案し、話し合って自然栽培を始めた。いまでは立派な販売店まである。

畑に向かうと、三十人ほどが一斉に走って来る。野菜作りによって土と触れ合い、野菜を販売することで生きがいができ、充実した日々を送っている。

そのあふれんばかりの笑顔を見たら、こちらももう涙があふれそうになる。その純粋なあどけない笑顔に圧倒されて、何も言えない。私より年上のおじさんもいるのに、みんな幼少のころに返ったようだ。

彼らの笑顔もそうなのだが、施設のある一人の言葉に私は感激した。「私この病気、治りたくないの」と言う。びっくりしたが、「ここはとても住みやすいし、先生（医師）も来てくれる」とキラキラした表情で語る。

治療のために、かつては抗精神薬など強い薬で対処してきたが、効果が上がらないことが分かってきたという。「こちらが頑張れば頑張るほど治せないダメな歴史を作ってきた」と浦河ひがし町診療所院長（元浦河赤十字病院）の川村敏明先生が言った。農薬や肥料に頼りすぎた現代の農業に似ているような気がした。

大事なのは職場があって、働くこと、役割を持つことだ。この大切さが医療分野からも力説されるようになった。

しかし、ただがむしゃらに働くこととは違う。彼らの理念にはどこか不屈の精神が感じられる。「安心してサボれる職場づくり」「弱さを絆に」「べてるに来れば病気が出る」などとたくましい。

リンゴの木がどうしたら育ちやすいか、その環境を整備してやること、相手の立場に（もしも自分がリンゴの木だったら）置き換えて考えてみること。これと同じように、人間が持っている本来の力を発揮できるところを見つけてあげることが、本当の治療といえるのではないのか。

現代農業では、大根であれ豆であれ、野菜はみな一緒と考えて肥料を与える。自然栽培は逆に、何も与えないから、各々の野菜の特徴を生かす必要がある。

トマトであれば水を嫌うから高い畝にする。ピーマンやキュウリは水を好むので、低い畝でいい。トウモロコシはその中間と考えることが、農の農たるゆえんである。ただマニュアルに従って何の疑問も持たず、農薬や肥料を多投していることに疑問を感じてほしい。

べてるの家の彼らは、みな驚くほど楽しそうで、元気に生きている。「奇跡のリンゴ」にちなんだのか、自分たちの病を「奇跡の病気」と言っている。べてるの家は映画『降りてゆく生き方』のタイトルにもつながっている。

生きた毛ガニを海に返しに行った

私がべてるの家で慕われるようになったのは、あるエピソードがきっかけである。

理事の一人で責任者の向谷地生良《むかいやちいくよし》さん（北海道医療大学教授）が、私のお礼にと生きたカニを送ってきたことがあった。カニの呼吸のために穴が空いている発泡スチロールがガサガサいっている。フタを開けたら、大きな毛ガニが三匹もいて、泡を吹いていた。まだバブルのころで、豪華な毛ガニは高かったはずだ。

それを見たらとてもかわいそうで食べられなくなった。女房がお湯を沸かす準備をしている間に、私はカニを持って車に乗り、苦しかったころに孤独を癒やした「かぶと岩」まで走った。

あそこならこのカニも生きられるような気がした。ところが、海は思い切りシケていて、そばに近寄れなかった。やむなく発泡スチロールの箱を持ってテトラポッド（消波ブロック）の一番上に上がった。

すると、道路を走っていた車が一台止まって、大きな声で「いま行くから待ってろ、待っ

海に返しにいったカニ

てろ」と叫んでいる。まさにこれから海に飛び込まんばかりの姿だと思ったのだろう。「いやいや、違うんだ。いま、カニを助けようと思っていたところなんです」と、その男性に一生懸命説明しなければならなかった。

波しぶきの上がるテトラポッドの波打ち際まで下りて、一匹ずつ海に放した。「今度は捕まるなよ」と言いながら。すぐにカニは海の中に消えた。良かったなあ、さあ帰ろうかと思ったとき、別れを告げにきたのか、またカニが上がって来て、テトラポッドの上にしばらくいた。

鰺ヶ沢と深浦の中間の日本海で放されてカニはどう思ったか分からないが、そのときばかりは、「元気でいればいいけどなあ」と真剣に思ったりした。

家に帰るやいなや、女房が「カニどうしたの？」と聞く。私は申し訳なく「放してきた」と小さくなって答えた。

カニを送ってくれた同じ青森県八戸出身の向谷地さんには、正直に「生きたカニを送らないでちょうだいよ。かわいそうでダメだった」と電話で話した。

向谷地さんがこのカニの話を、施設の人たちに伝えたらしい。するとやさしい心根の彼らに大うけとなったというわけだ。

べてるの家に行くと、「今晩、もう一晩泊まっていきませんか」と誘われる。女房が忙しい思いをしているのが分かるので帰りたいのだが、あまりに居心地がいいので、「ウン」と返事をしてしまう。

私は多くの障がい者の施設を回って、彼らの自立に役立つことができたらと思い、人にも環境にもやさしい農業・自然栽培の指導を行ってきた。タマネギ、トマト、ネギ、大豆など、あまり手のかからないものを教えている。

麻痺がある人でも掌の上に種をのせれば、指の間から落ちて自然に種まきが出来る。車椅子を押している人がその上に土をかければいい。イチジクは車椅子の高さで収穫できる。健常者と障がい者が手を取り合えば、種は花開き、実をつける。

七十近くの施設に広がった「農福連携」

愛媛県松山市の佐伯康人さんは、元プロのロック歌手だったが、いまは株式会社「パーソナルアシスタント青空」の代表取締役である。「ハンディのある人にもやさしい社会の実現をめざそう」と立ち上がった。私の講演を聞いてから自然栽培に大きな関心を寄せるようになった。

障がいのある三つ子を授かり、子供の将来に大きな不安があったと思う。私は佐伯さんに「べてるの家」をぜひ見てきてほしいとお願いした。彼はすぐ訪問し、障がい者と農業という新しい世界に本格的に踏み出した。

べてるの家は、農業と福祉のつながり「農福連携」の起点、スタートとなった。

私は佐伯さんに「ロックグループで人気もあったでしょう。でもこれからはこの施設の子供たちのために一生を捧げるつもりで歩いてほしい」とお願いした。彼はその願い通り、全

佐伯康人さんと

「農福連携」の仲間たちと

国を歩いて自然栽培を呼びかけている。

ハンディのある人たちとともに、休耕地を自然栽培による田畑に戻して、コメ、ジャガイモ、ダイコン、タマネギなどの野菜、ウメ、ミカンなどの果物を作り、加工まで手がけている。わずか二反（二十アール）から始めた耕地面積も、いまでは十二ヘクタールに拡大、経営は軌道に乗っている。

こうした佐伯さんが主催する活動は「自然栽培パーティー」と呼ばれ、いまでは北海道から沖縄まで七十近い施設に農業と社会福祉を合体させた「農福連携」の輪が広がっている。全国にある四十万ヘクタールの耕作放棄地の二・五パーセント（一万ヘクタール）を田んぼや畑に戻すと宣言している。べてるの家の向谷地さんも、「佐伯さんは若いから後を託していくべきだと思う」と信頼を寄せている。

佐伯さんと初めて会ったのは、愛媛大学での講演だった。講演のあと「私、塩崎（恭久）と言います」と声をかけてきた人がいた。「えっ、あの元官房長官（後、厚生労働大臣）をやっていた？」

驚いたが、向こうは「そうです」と言いながら、椅子を逆向きにして背もたれを抱え、講演が終わったばかりの教室で、「あなたはこれからのこと、どうお考えですか」と質問を始めた。それから話が止まらず、延々と二時間以上話し合った。

塩崎さんが厚労大臣（当時）になると、今度は直接電話をかけてきて、「いま、執務室にいますが、いつ東京に来ますか」と。あれやこれやで数度お会いし、厚生労働省と農水省の「農福連携」の後押しをいただくようになった。

塩崎さんの話が終わるのを待って、出会ったのが佐伯さんだった。「三つ子の障がい児がいるんです。まだ小さく、このままではいけないので、小さな施設をやっています」と真剣なまなざしで語りかけてくる。

私は「それなら農業をやったらいい」と話した。「農業ならだれも文句は言わない。それに手足が不自由でも出来るから、この自然栽培で障がい者に活路を見い出そう」と話した。

塩崎さんたちがバックアップしてくれたことが大きな推進力となったのは、言うまでもない。

Jリーグをめざす選手たちが農作業

沖縄の講演で、背の高い精悍な顔をした人が一人最後まで残って「私もこの農業をやりたい」と熱心に言う。この人は元サッカー日本代表の高原直泰さんで、いま沖縄のうるま市を本拠地とするサッカークラブ、沖縄ＳＶ（エス・ファウ）代表（選手兼監督）を務める。

高原さんが本当に農業をやるとは思わなかったが、四国にいる佐伯さんに「私の代わりに教えに行ってくれ」とお願いした。佐伯さんから電話をもらって初めて、有名なサッカー選手であることを知った。高原さんはＪリーグをめざすだけでなく、沖縄の農業を活性化する夢を持っている。

選手を引き連れて農作業に参加したり、耕作放棄地を切り開いて、無肥料、無農薬の自然栽培で野菜を作り、障がい者にも活躍の場を提供する。とれた作物は選手たちとともに試合会場のマルシェで販売したりしている。

〝渡る世間は鬼ばかり〟どころか、世の中、やさしい人は多い。

昔から自然栽培で懇意にしてもらっているスーパーやまのぶ（株式会社山信商店、愛知県豊田市で七店舗を経営）というお店がある。ここには直営農場の農業生産法人みどりの里があり、私の自然栽培を取り入れて自社ブランド「ごんべいの里」として販売している。山中勲会長のお孫さんにダウン症のお子さんが生まれたということで相談があり、早速、自然栽培パーティーの佐伯さんを呼ぼうということになった。

耕作放棄地などの農地化を大展開することが決まった。二つの店舗には障がい者専用の野菜コーナーを作った。

ある日、地元の寿司屋に山中会長夫妻と出掛けたら、隣に経団連会長だったころ何回かお会いした豊田章一郎さんがおられた。何十年かぶりなので、「青森の木村です」と言うと、最初はけげんな顔をされたが、「いやあ、懐かしいねえ」となった。

豊田さんと山中さんは初対面だったが、「あの、やまのぶの会長さんか」と意気投合し、また障がい者に対する深い理解と協力を約束してくれた。二〇一六年には「自然栽培パーティー第一回全国フォーラム」を豊田市で開催した。

このフォーラムでは、公益財団法人ヤマト福祉財団も主催者として名を連ねた。ヤマト運輸の創設者である小倉昌男（財団の初代理事長）さんの遺志を継いで、心身に障がいがある人々の「自立」と「社会参加」を支援することを目的に作られた財団から大きな協力をいただいたのである。

二〇一四年に佐伯さんは、農事組合法人の共働学舎新得《しんとく》農場代表である宮嶋望さんとともに、小倉昌男賞を受賞し、翌年からヤマト福祉財団の支援を受けることになった。

少年院でトマト栽培を指導

北海道の初等少年院でトマトの栽培を指導したことがある。その少年院では少年たちに革加工品などを作らせていたが、あまり売れないという。自動車整備工場の勤務を希望しても、彼らを受け入れる工場はあまりない。また運よく就職できても、周囲の冷たい目にさらされ、一カ月ももたないそうだ。

その少年院の院長さんが、農業は個人経営だからうまくいくのでは、と私に声をかけた。私は、だれでもできるミニトマトを無肥料、無農薬でやってもらったらいいと思って出掛けた。

最初は文句ばかり出てきた。少年たちの不機嫌な顔、しらけきった顔を見て、私はやれやれと思った。指導員は色のつくボールを持っている。少年たちが逃げ出そうとすればぶつけるのである。少年たちは指導員がいなくなると、文句ばかりたれる。「なんでこんなことをしなきゃならないんだ」と彼らは思ったことだろう。ところが何回か行くうちに、彼らの意識が変わってきた。私は「農薬、肥料に頼らないトマトの持っている力を信じて、何も与えず育てなさい」と、何度も彼らに言ってきた。

十二歳から十五歳の子供たちは、やがてトマトの生育を熱心に観察するようになってきた。そしてトマトのでき栄えを競争するようになった。人がつくったトマトは食べるが、自分で愛情をたっぷりかけて育てたトマトはなかなか食べようとしない。農業によって育てる喜びを知ると、次第に親の愛情も痛みも分かるようになる。素直に「お父さん、お母さん、ごめんなさい」という言葉も出てくる。

少年院を出た男の子と女の子がやがて結婚して農業を始めた。そこは少年院の子供たちの実習農園ともなった。

義父のあこがれだったバナナ作りに挑戦

夢はまだ続いている。

自然栽培のお店である「自然栽培の仲間たち」の社長を務める久保公利さんから電話が入った。「岡山でバナナを作っている人がいる。熱を加えないやり方だそうだ」。久保さんはIT会社の社長でありながら、自然栽培を支援してくれる貴重な応援団だ。私のマネジャー業をやってくれている山根さんも、実はここの社員である。

私はガン手術で入院して何日も経っていなかったが、「すぐ行く」と言った。岡山に向かう飛行機が離陸するとき、お腹を圧迫されて大丈夫かと不安になった。自分でもよく出掛けたと思う。

私の昔からの一番の夢が、日本をバナナの産地にすることであった。それにとどまらず、バナナを、東北いや北海道の特産にすることだった。リンゴ以上の突拍子もない発想だったかもしれない。義父の徳一は南洋のラバウル戦線で、バナナを食べて生き延びた。そのバナナはもちろん自然栽培というより自然そのもののバナナだ。

私は八戸で温泉熱を利用したバナナ作りに挑戦したことがある。自然栽培でリンゴができた、コメができた、ナシでもモモでも、果樹はほとんどできた。それなのに、バナナは失敗した。その苦い思いが、この一報で蘇ってきた。

田中節三さん（中央）らと

田中節三さん。私と同い年で趣味はバナナの研究である。四十五年の歳月と五億円の巨費を投じている。もう趣味どころではなく事業としての挑戦である。

田中さんが始めた画期的な栽培法は、「凍結解凍覚醒技術」というものだ。簡単に言うと、種子をマイナス六十度まで凍らせて冬眠させ、解凍、蘇生させて育てる技術だ。この処理を行った作物は、成長速度が増加し、耐寒性や耐暑性が向上するが、遺伝子情報には何の変化もない。

地球温暖化が進行していると言われるが、現在の地球環境は小氷河期に当たる。二万年前から徐々に小氷河期から移行し、現在は温暖化が進んでいるが、やがて寒冷化が始まるそうだ。

現在の赤道直下の地域は二万年前までは零下の世界だった。バナナ、マンゴー、パパイヤ等の熱帯植物はこの零下の厳冬期を凍結冬眠状態で生き抜いて、二万年かけて現在の熱帯地域に復活したのだという。

世界のバナナ産地は新パナマ病の激発でバナナの将来が憂慮される状況にある中で、パイナップルは六カ月、バナナは八カ月で育つ。しかも鉢植え、ビニールハウスで管理できる孝行者である。

ここで興味深い話を聞いた。「植物種は野生原種ほど生存能力が高く、人間に栽培された種は生存能力が極めて低下する。これは過剰な保護（殺菌剤、殺虫剤、化学肥料依存）により免疫力低下をきたすからだ」と言うのだ。自然栽培の最大の特徴である「植物（生命体）は死んだら、必ずその有機質は微生物によって腐敗、分解される」という言葉が、自然栽培の「腐らずに枯れる」に行き当たった。

植物種の氷河期効果の研究はまだ入り口とされるが、私の自然栽培の研究も同時並行しながら進化することができるのではないか。

田中さんのバナナ栽培は有機堆肥を使った栽培であったが、私に「自然栽培でやってくれ

中洞正さんと

ないか」と言う。これは義父の夢でもある。パパイヤの新芽は抗ガン剤として注目されるなど夢は大きく広がる。世の中にはまだワクワクする種がたくさんあるようだ。

中洞さんと歩んできた道

「岩手県に変わった男がいるから、会ってみてくれないか」。その人の大学の先輩だという知りあいは、私を車に乗せて奥深い山の中に連れて行った。私は女房に連絡もせず、そこに四日も滞在することになった。リンゴが実って四、五年たったころのことだ。

中洞牧場はいまでこそ、東京のＩＴ企業・株式会社リンク（岡田元治社長）とタイアップして立派な事務・宿泊研修棟や加工施設を備えているが、当時は「よくこんな山奥に住んでいられるなあ」という感じだった。

夜、コタツに入って酒を飲みながら中洞牧場の中洞正さんと話し込んだ。狭くて私の寝場所もない。長男の拓ちゃん（中洞拓人さん、現在はＮＨＫ報道カメラマン）を抱いて寝た。

中洞さんの牧場は、北上山地の東に位置する岩手県岩泉町の上有芸《かみうげい》というところにある。標高七百メートルの高原地帯にあり、とにかく広くて、隣の牧場までどれほどかかったか。

そこで会った人は、「あんた、どこから来たんだ」と闖入者の私を不思議そうに見て、「そうか、あいつ（中洞）は変わり者だよ。あいつとは話もしたくないな」と言われた。じゃあ、私と似ているんだと思った。

「彼は頭はいいんだが、（牛乳を）売るのは下手だし、やることが奇想天外過ぎる」。ますます私と似ていると思った。

こんないい生乳なんだから一ミリリットル一円として、七百二十ミリリットルだから七百二十円で売ったらどうかと、中洞さんに提案した。すると「そんな高い牛乳だれが買う？」。

私は「売ろうよ、でないと採算とれないんだよ」と。結局、それでも高いと言いながら、

中洞正さん（左）、畠山重篤さん（右）と（東京農業大学で）

七百二十ミリリットルを四百円で売ることになった。

あのころの中洞さんは「売れっこないよ」と頭から否定していた。私はリンゴで直接取引するお客さんの力を信じていた。

中洞さんの牛乳を飲んだ人ならみんな分かる。「味が違う」と。

中洞さんの印象は、あれだけの農作業をしているから肉体派と思いきや、頭脳プレーをする人、頭のいい人だなあという感じだった。

「農協に頼らず、これからは直売でお客さんの顔を見て売ろうよ。きっと味方になってくれるから」。私はそう言った手前、自分のリンゴの顧客を紹介した。

いまは個人情報保護法の制約で出来ないが、あのころからだから許されたと思う。いまでも当時の半分のお客さんとつながりがあるという。個人のお客さんとの取引は、評価がダイレクトに来る。だから、ここところを改善しなければ、と勉強させてもらえる。

この名簿の中から強烈な中洞ファンも生まれ、私もうれしかった。

二〇一三年七月、私と宮城県気仙沼のＮＰＯ法人「森は海の恋人」代表の畠山重篤さんと自然放牧酪農の中洞さんと三人で、東京農大においてトークイベントを開催することになった。

私はかつてリンゴが成っていないころ、畠山さんの森に木を植えに行ったことがあった。「海と山は友達だ」という畠山さんの思いに賛同していて、いてもたってもいられなかったのだ。

まさかこういう組み合わせになるなんて、日本も変わったと思った。この三人は森、山、土、海に自然の循環をもたらす活動（仕事）をしてきた仲間たちだ。

あのとき中洞さんは、「幸せな牛からおいしい牛乳」の持論を展開した、テーブルを叩かんばかりの名調子を思い出す。中洞さんはすでに東京農大客員教授となっていたが、母校での講演、誇らしかったと思う。
中洞さんがいたから、日本の牛乳の実態を消費者が知ることになった。そして少しずつだが、世の中は正しい方向に動き出している。以下は二〇一三年に行った中洞さんとの対談である。

若者よ自然農を目指せ　木村×中洞対談

木村　よく言われてきた。「一回二回、農薬かけたってだれもわからないから」と。そんなごまかしをやっているなら最初から農薬かけている方がいい。やっと消費者に分かってもらえたな、というのが、家に戻ったらこんなFAXが入っていた。「この小さい一口リンゴばかりでいいから送ってください」と。その人に中洞さんのことを伝えた。「一生懸命やっている人です」と。中洞さんは世界に誇れる人だよ。

中洞　ただ原点に帰ろうと努力しているだけですよ。おれは宗教をもっていないけど、おれらほど（自然の）神様を信じているものはいないよね。

木村　うちにはいろんな宗教が訪ねてくる。キリスト教の人がリンゴを買いに来た。アダムとイブのリンゴは木村さんのリンゴだった？　なんてね。近くのリンゴを調べてみたら種がないよ。子孫を残す力がなくなったのかな。中洞さんのところの牡牛の精液をみれば、よその牛の倍はあるよ。

木村　すべては無だと『自然農法』（福岡正信）に書いてあったが、自分の心を無にしていかないと。ここに欲があるとだめになる。

中洞　最初は、農業論だと思っていた。ところが最近は世界の経済システム、ライフスタイルからひっくるめた形で論じなければならなくなった。そこまで考えていかなきゃ。

おれのことを高く評価してくれたのは木村さんだけ。これほど絶対に中洞、中洞という人はいない。

木村　二人で日本を変えようよという気持ちです。

中洞　日本は変えられないけれど、せめて酪農業界は変える気持ち。おれは単なる酪農じゃないから。日本の国土の七〇パーセントを占めるこの森林を変える、牛の力で日本の森林の再生。だれも考えていないかもしれないけれど、すごい大きな社会変革となる。

木村　酪農はスイスの観光産業。フランダースの犬、あのストーリーに涙したけど、あの風景はもう中洞さんが実現しているでしょう。日本の酪農は崩壊に向かっている。中洞さんなら自然の草を食べる牛を使った日本の里山・森林の再生が出来るよ。

　私は中洞さんがいるから酪農は心配していない。こんな世界はない。中洞さんがやろうとしていることは日本全体のためになる。岩手や岩泉だけのことを考えてはダメ。

中洞　スイスの草原文化、せめて国内で3分の1～5分の1はやりたいね。牛乳だって消費者はいまの牛乳を当たり前と思って飲んでいる。学校給食で無理やり飲ませているから、こんなものかと飲めるようになる。日本人はみんなそう。外国人にはものすごい違和感がある。ソフトクリームの話をすれば、これは何で作ってもいい。牛乳やクリームを使わなくても乳化剤に安定剤を入れてあの格好をしていればいい。のどに絡んで食べた後、水を飲みたくなるのがそれ。牛乳だけの中洞のソフトクリームを食べればすぐ分かる。口の中でふわっと溶ける。溶ければ甘い牛乳だからおいしいですよ。

木村　これからはまがいものじゃなくて、風味でもなく本物ということを消費者の人たちに伝えていく必要がある。

中洞　牛がいろいろなことを教えてくれる。

木村　いままでの一般慣行農法というのは、確かにやりやすいし生産性も高いかもしれないけれど、落とし穴があるんじゃないかなと。牛で言うと畜舎に置かれておっぱいに搾乳機がつながれる。もしも逆の立場で人間がそうなったらどうしようと思うよ。豚にしても鶏にしても自分で持っている力を発揮できるだろうか。器の中だけで処理されていると。

中洞　一、二日、一緒にいたら牛は、イヌ、ネコと同じく擦り寄ってくる。牛は可愛いよ。とくに子牛は。

□　□

木村　金がないのは昔から。金なんかなくても不思議と生きているでしょう。ずいぶん世の中から批判されて、互いに苦しい時代を過ごしてきたが、友達っていうのは損得がない。

無肥料、無農薬に踏み切って、リンゴが成らなかったとき、思えばそれがありがたかった。振り返ってみれば最高の試練であり、勉強期間だった。あそこから地獄が始まったが、それでもよかったなあと思う。最初からうまくいっていたら、だれでも出来るよ、こんな簡単なものないよ、と言って何も生まれなかっただろうな。貧乏というのはいいことだよ。

中洞　おれもあった。牛乳を無殺菌で販売したとき。あのときだれもが「高すぎて売れないからやめろ」と言った。七百二十ミリリットルのビンで最初四百円で配達した。それでも高いと言われた。そのとき、知り合いになったばかりの木村さんに「価値があるんだから、これでやろう」と強く言われた。しばらくして地元の生協が全国の生協に先駆けて初めて同じビン牛乳の宅配（百七十円）を始めた。マスコミがそれをガンガン書いた。ああ、これでだめだなと思ったが、私の消費者が減ることはなかった。

木村　私の自然栽培も中洞さんのやっている自然放牧酪農にもマニュアルがないし、必要ないの。最近パソコン買ってもマニュアルは付いてこなくなった。ペラの確認書が中国語、アラビア語であるだけ。ここのスイッチを押せとかウィンドウズの操作の仕方もいまはもう読む人がいなくなった。それだけ普及したということもあるかもしれない。中洞さんも私も最初からマニュアルがない。目がマニュアルなのよ。

中洞　お互い、ゼロからのスタートでしたね。大学でも恩師の楢原《なおはら》恭爾《きょうじ》先生はマニュアルとかノウハウを教える先生ではなかった。人間がいかに生きるべきか、という話はよくしたけれど、いちいち細かに酪農の牛はこうやるとかはなかった。技術論から入っていけば、いまの俺はなかった。技術でつまずくと次がないから。精神論、生き方を徹底的に仕込まれた。だから精神さえしっかりしていれば、次の手法は自分で開拓できた。

木村　マニュアルがあるっていうことは、そもそもだれでも出来ること、マニュアルがないということは、自分で考えて自分で開発していかなければならない。昔のパソコンはコマンドを打たないと命令を受け付けない。いまはクリックでいい。確かに便利になったけれど、それが当たり前化して、原点を忘れてしまっている。

中洞　いまは学校教育から全部マニュアルが課されて、自分で考え、自分で行動する訓練がされていない。

木村　東日本大震災の津波でも一人の子供が生き延びたことを世間は奇跡と言った。ところが、一方でマニュアルに基づいて先生が引率したために亡くなった子供たちもいる。そんなことを考えると、マニュアルはある程度の基本であって、そこから応用していくのは人間だと思うの。

農業も本来、牛や植物や果樹が持っている本来の能力を最大限に引き出してあげるのが仕事。中洞さんは高度配合飼料を牛にほとんど与えない。すると牛の持っている本来の野生というか、持っている力が出てくる。宮崎では口蹄疫で牛が大量に処分された。彼らは生き物で、機械じゃないんだよ。確かにまん延すると困るから疑わしいものはみんな処分したと思う。しかし、渡り鳥は昔からいたし、日本に寄っていったわけだ。なぜいまになってあれほどまん延するのか。牛そのものの力が弱っているからではないのか。人間にも同じことが言える。

中洞　うちの牛も調べれば感染しているけど、発病はしない。

木村　そうでしょう。

中洞　鳥インフルエンザもあるかもしれないけれど、みんながみんな発病するのかといえば決してそうじゃない。

木村　私のリンゴは無農薬で病気はあるわけだ。その病気をリンゴの木自身が治療（患部を落とす）していく姿を見ると、人が薬を与えたり、あるいは対処していくことによって、だんだん自然から離れた存在になっていくんだなあと思う。

中洞　自然治癒能力がなくなってきたね。

木村　いまの若者にも言える。頭は確かにいいと思う。その応用が出来ない若者が増えているのでは。

中洞　うちは新しく出来た研修棟にだいたい四十人の研修生が常時いる。家畜飼養学という学問があって、それに基づいて維持飼料と生産飼料があって、それはたんぱく質がなんぼあってとか、総量はいくらという通りやっていたらうちの牛はがりがりになって栄養失調で死んでしまう。栄養分は低くても、木の葉や笹を食って、昔のように一汁一菜のような粗食で耐えられる。

昔の日本人はコメだけを食って、横浜にいる外国人を人力車で高崎まで運んだ。この外国人はびっくりして、彼らに肉と牛乳を食わせたら三倍も働くと思ったら、途中で息切れして走れなくなったという。いまの栄養学は、人間も含めて生き物のためになっているのかははなはだ疑問です。

木村　分析学が進歩したおかげでこうなったのでは。自分の対象となるものの能力を発揮させるのが百姓というものだよ。たとえばこの木は肥料をやれば元気になるかもしれない。でもそれは本当に正しいのか。本来の力を出していないわけよ。中洞さんの牛と同じで、私のリンゴ畑の土は三十年も何もやっていない。ほとんど養分はないと言われる。しかし、計ってみたら慣行栽培の三倍以上の養分があった。

いったいこれって何だ。結局、人間が投与することによってバクテリアの活動が弱まっているのじゃないか。何も与えないから逆にこうしていられないと思って頑張るんだと思うのな。だから私は育てるんじゃなくて、育っていくのをお手伝いする。それが農家の仕事であるとな。

そういう意味で農業はおもしろいよ。私は失敗続きであったからずいぶん社会から批判された。でもいまは、答えが分かってリンゴが実ったり、米や野菜もとれる。この栽培に誇りを持っている。出来るんだと。だから常識というのはいったい何なのか。みんな正しいことばかりじゃないと思うのはそういうこと。数字の分析が盛んになったから、一本のリンゴの木が畑から十キロの窒素を持ち去ったと考える。でも果たして窒素を補うことで地中のバランスがとれるのか。

若い人たちに1プラス1＝2、2マイナス1＝1 その1を求める答えは無限にあると思う。その無限を若者が探求して農業という分野で新しい答えを出していくことに魅力を見い出しているんじゃないかな。現場の農業を目指す若者たちと触れ合うと私そう思うんです。

中洞 これからの人間にはそういうチャンスを与えないといけない。これが出来るのはこの一次産業だよね。いつも言うんですけど、スタッフみんなでご飯を炊いて食べる。昔の人はかまどで火を燃やすことから始めて火加減などその日、そのとき違う。いまのように電気釜のスイッチをポンと押すだけだと、頭の使い方が違ってくると思う。戦後の高度経済成長は、昔の生活をした地方の感性豊かな人間が都会に出て支えたのだと思う。いまのように与えられた情報とマニュアルに従っていたら、経済に創造性は生まれるだろうか。

木村　いまの社会はプログラムに沿って二十四時間毎日毎日生きている社会のように見える。一次産業の衰退と言われるのには理由があると思う。食を生産するとき、機械化で種を置くのも機械、そこに心が通っていない。それで私は「ねぎらいの声をかけろ」と言っている。

中洞　うちも研修に入ったときから、おはよう、ありがとう、と声をかけろと言ってある。植物以上に牛は反応があるからね。当たり前だけど。

木村　牛だってうれしいよ。猫だってよしよしと声をかければ安心して横にゴロンとなる。一次産業の人がもっと作物と接するときに温かさがあれば、食べる人にその温かさが伝わると思うんだよ。食べるものは性格を変えると思っている。自然栽培実践塾をやりながら若者たちに言うわけ。トマトやジャガイモを植えて実るでしょう。自分の植えたものには愛情が全く違う。それほど丁寧に接している。自分たちが植えたものを塾生は食べない。いとおしいからだ。で、よそのものを食べている。それくらい生き物と触れ合うというのは、厳粛なもので、一次産業というのは、もっと基本的な人づくり、人間形成の場でもあるよ。

中洞　最近のＩＴの仕事場環境ではうつ病になったりすることが多いらしい。研修生の中にもいるが、ある程度肉体的に厳しい環境、暑い、寒いを日常的に体験していると脳幹も鍛えられて情緒も安定してくる。

第一次産業というのは自然と接し、動植物と接しながら肉体労働をする中で、「お腹がすいた」というういまの若者が忘れた感覚を呼び覚ます。うちは朝六時から作業をして途中、十時、十一時まで食事をしないで働く。そうすればお腹もすくわけで、「腹減った」というのが人間には必要だよね。腹が減ったときに食べるご飯ほどおいしいものはない。それは収穫の喜びともつながる。

研修生から独立したり、各牧場で中心的存在となっている。うちでは三年もいれば一通りのことが出来るようになる。いまの若者というけれどしっかりしてますよ。一生懸命やる。

木村　真面目だよ。真面目過ぎるんだよ。

中洞　ここまで衰退したら「徴農制度」がいいと思う。二年なり三年なり、国民が農業に従事する仕組みを作ったらいい。そうしたらうつ病なんかこの国からなくなりますよ。だれだって机の上であんなことを長時間やっていたら。

木村　腹減らないのよ。いつもぼりぼり何かを食べているから。

中洞　基本は早寝早起き。韓国も食糧自給率は低い。

国を守るために軍隊は必要だろうけど、兵糧攻めという言葉もあるじゃないですか。食糧自給率を高めるというのは軍隊以上の働きがある。

木村　日本でもなぜ徴農制度をやらないか。国民に農業を楽しみましょうとな。よかったら農業を続けてもらえばいい。

中洞　農大に農業の成人学校があるんですよ。みんなそういうのをやりたくてすごく人が来る。若者だけでなく、うちに月一回新幹線代をかけて埼玉県大宮から大森さんという夫婦が来る。退職後、夢も何も無い。うちに来て山仕事をして喜んでくれる。私は「自分の山だと思って管理しなさい。これはこういう木で、こういう花が咲いて、将来、用材になる木、こんな実がなる。秋になるとこういう色の紅葉になるから」と一から教える。若い連中とお酒を飲めるのもすごくうれしいらしい。

木村　人間って、本能的に土や草に触れたりすることがすごく癒やしになる。そういうことって学校では教えてもらわないもの。畑や山の中でゴロンと寝て流れる雲を眺めているのってすごく気持ちがいいよ。

中洞　その大森夫妻のおかげで女房が今まで地面や牛と子供ばかり見て仕事をしていたけれど、空を見たりあっちこっち見て、ここにいるのは幸せだね、と言い出した。

木村　青い鳥を探して兄妹が出かける童話があるでしょう。だれでもそう。いまいるところが一番幸せなのに、遠くに幸せを求めるわけよ。足元が幸せなのに。

中洞　木村さんは、農薬や肥料をやめたことで村八分になって回覧板も来なかったそうですね。あのリンゴ地帯で大変でしたね。うちは酪農地帯といったってポツンと三、四軒しかないから。木村さんだっておれだって、ここまでやってこられたのは、買って支えてくれる人がいるから。金銭的な面も重要だけど、それよりもその人たちがサポーターになって応援してくれる。その人間関係がちゃんと出来ていると、やっている現場の人たちも自信になってくる。

木村　若い人たちもそこに感激が生まれる。自殺した人が三万人もいる。夢を失った人にもう一度チャレンジしてみようという意欲が湧くと思うの。バブルがはじけたとき、フリーター（アルバイト）がもてはやされた。あれがそもそも間違いと思う。夢を与える社会が欲しい。中洞さんとは形は違うけれど歩いている道は同じで、あのころ仲間がいない。友がいない。孤軍奮闘なわけよ。

中洞　横に一人でも手をつなげる人がいるというのは精神的に助けられ癒やされる。

木村　ひとりじゃないよ、とな。いま大企業では給料やボーナスを上げたりしている。それも大事なことだけど、大企業の人たちが農業を見ないで自分たちの利益追求に走ることは違うと思う。経営者も社員も食べずに生きてはいけない。そうであれば企業と農業、漁業、酪農、みんな一緒にスクラムを組んで対外的に向かっていくという気持ちが大事なんじゃないかな。

中洞　トヨタならトヨタが農場をつくってトヨタの社員が自給自足出来るようになれば、黙っていても農業は再生しますよ。

木村　企業と農業がタイアップしてこそ、農業の後継者がいないという問題に光明を見い出せるのではないか。農業ルネサンスには微農という仕組みを取り入れることも大事になってきます。自然に帰れです。

（初出『日経プレミアPLUS』（VOL.10、二〇一三年七月号を基に再構成）

中洞 正（なかほら・ただし） 1952年岩手県宮古生市まれ。山地酪農研究所代表取締役。東京農業大学卒。在学中に楢原恭爾教授が提唱する山地酪農に出合う。2006年から東京農大客員教授。東京ドーム10個分の広大な山地に放牧を行うことで健康な牛を育成する山地酪農を確立させた。自然と調和する山地・林野を活用し、自然交配、自然分娩で畜舎に戻さない通年昼夜型放牧。牛乳・乳製品プラントの設計、建築、商品開発、販売まで行う。木村秋則のリンゴジュースと中洞牧場のミルクがコラボした「奇跡のリンゴヨーグルト」がブレーク。著書に『幸せな牛からおいしい牛乳』（コモンズ）『中洞正の生きる力（ソリストの思考術）』（六耀社）

おわりに

弱い横揺れが止まるまで長い時間がかかった。地震はいつも恐い。以前も震度4でさえ、目の前の車がぴょんぴょん踊るように跳ねた光景が目に焼きついている。

二〇一一年三月十一日の東日本大地震のとき、北海道帯広の佐藤隆司《りゅうじ》さんから電話が入った。「とにかくすごいことになっているからテレビを見て」と。テレビのスイッチを入れたら途端に停電になった。携帯電話でテレビを見たら、とんでもないことが起きていた。津波が家屋を次々とのみこんでいく。自然の力に圧倒されながら、人間はただ現象が過ぎるのを見守るしかないのかと思った。

人類は月へ行き、宇宙探査機が火星や木星に向かっている。そんなことを人間はやってきたけれど、足元のこの地震の猛威に何も手を出せない。

人間がいくら頑張っても、地球という星の中の営みでしかない。すべては自然の営みに集約される。自然界は極めて複雑だという人がいるが、私は極めて単純だと思っている。

リンゴの木は私が育てているのではない。どうしたらこのリンゴの木が元気に育つか、お手伝いをしている。そのために雑草をはやしたり、自然と歩調を合わせているのだ。私は地球とシンクロし、息を合わせている。

私はこれまで四十年、自然栽培の道をただひたすら歩いてきた。川の水は高いところから低いところへ流れる。これは当たり前のことだが、いまは低いところから高いところへ無理に上げているように見える。そのために無駄なエネルギーを使っているのが現代なのではないか。

ただ、食料を確保するという観点からすれば、日本は諸外国の大規模農業と異なる集約農業の世界で、収量を確保し、経営を安定させるには必要なことだったのかもしれない。しかし、日本ではあまりに肥料と農薬に頼り過ぎている。私は愛知、静岡、群馬県の野菜団地を見て、すごいなあと思った。よくこの土でこのキャベツが育つなあと。草一本も生えていない人工的な世界。これが正しいんだと思っているのは間違いだと思う。

低いところから高いところへ、鮭のように上流を目指して逆走している姿、これは私が思う農業の姿ではない。鮭は産卵のために死闘を繰り返し、次の世代のために上流を目指し産卵すると疲れ果て、命を終える。それは習性であるから仕方ないかもしれない。そうではなくて、高いところから低いところに水が流れるような、自然なやり方で農業を考えてやっていきたいと思う。

自分では正しいことと思ってやっていても、世間からは反社会的とみなされることがある。みんなと違うことをやっているだけで、なぜそう思われるのか。

考えてほしい。私は講演のときのスライドで、①草一本生えていない畑の姿がいいですか②草がいっぱい生えてくる畑の姿がいいですか——と問う。選択するのは皆さん自身。私が提唱する自然栽培は確かにまだ確立していない。でも着々と成果が出ている。なぜ必死に全国を飛び回っているかといえば、大勢の人が取り組めば一人一つの答えが出る。百人いたら百の答えが出る。そうしたら、もっと確実な栽培が生まれてくるのじゃないだろうかと思うからだ。

私がやっていることすべてが正しいとは思わない。世間の向かい風を受けてから三十年近くなるが、各地から喜びを伝える報せも届いている。農業と社会福祉の合体の「農福連携」

という人と地域の共生を実現できる新しい世界も生まれた。愛媛県松山市の佐伯康人さんたちが頑張って全国各地に広がりつつある。障がい者の人たちの作った作物だから、二〇二〇年のオリンピック・パラリンピックの選手、役員の食材に活用できたら、日本の食の安心安全の大きなPRにもつながると思う。

すべてが向かい風ではなく、時には追い風も受けるようになってきた。しかし、まだまだ夜明け前だ。これから再生と復活を意味する農業のルネサンスの時代が始まる。

木村秋則さんとの出会い

一九九一年、未曾有の風速六十メートルという台風十九号は、九月の末に突然、北東に向かい、日本海沿いに北上し津軽のリンゴ園を襲い、壊滅的打撃を与えた。落下リンゴの死屍累々たるさまは、十一月に取材に入ってもまだ無残な姿をさらしていた。

取材は、当時の日本経済新聞夕刊の「地球人」という人ものコラムで、竹島儀助さんという九十三歳のリンゴ園の経営者であった。弘前に着くや地元の「陸奥新報」を買い、ざっと眺めた。当時から地方紙のカラーページの豊富さと白黒時代の日経新聞との差に驚いたが、それより何より、借金を返すために、冬に向かう「出稼ぎ」がメーンテーマで、大黒柱がみな都会に出てしまい、子供たちに「けっぱれ（がんばれ）」「残されたものは力を合わせて」などと戦争時代を思わせるような特集が全面を覆っていた。派手なカラーページがよけい悲しさを誘った。

リンゴ経済で成り立つ町が崩壊していた現実に「これは大変なことなのだ」と気合を入れ直して取材に当たったのを覚えている。

竹島儀助さんは、明治時代からの古いリンゴ園の経営者の一人で、化学肥料を使わず、無袋で有機肥料のリンゴ栽培を行っていた。手間のかかる人工授粉から野生のマメコバチを使って農家を重労働から解放したことでも有名な人であった。

自然のリンゴを求めて独創的な研究を続け、多くの著作や論文を発表する啓蒙家であった。完全有機で育ったリンゴの木は台風にも比較的強く、そのふかふかした柔らかな土の感触を今も思い出す。古木にはフクロウが住み、あたりの農薬を普通に使う慣行農園とはたたずまいを異にしていた。

この新鮮な驚きを紹介してくれたのは当時、陸奥新報の編集局長だった工藤幸夫さんと桜田旭さん（桜紙業社長）という方だった。

取材後、弘果（弘前中央青果）の山本忠道副社長や桜田さんと一杯やっていると工藤幸夫さんが、「リンゴでもっとすごいのがいる」という。それはぜひ会ってみたいと思った。

するとしばらくしてリンゴを篭に入れてやってきたのが、当時、四十二歳の木村秋則さんだった。

話を聞くと、これがまたすごいドラマの持ち主。

世界一のリンゴ市場を束ねるリンゴの神様といわれた弘果の山本さんが、木村さんのリンゴをやおらがぶりと齧って、しばらく「うーん」と唸っていた。

リンゴが実り始めてまだ四年目だったというが、かなり大きなリンゴで「おめ、選んで持ってきたべ」と大きな声を出した。木村さんはこれに「夜だから手当たり次第に篭に入れたもので、なんも選んでいません」と静かに答えた。

木村さんは山本さんに「どうですか」とおそるおそるリンゴの感想を聞いた。

「食べやすいの。一番先に食べてみて、果肉の感触とジュースと糖分の三つがそろっていると思った。果肉は普通のものに比べてきめ細かい。蜜もたっぷり入っているし、糖度は十三じゃきかねの。十五、十六度であれば満点だの」

リンゴの権威のお墨付きをもらった。

山本さんは、その場で無肥料、無農薬という触れ込みを完全に信用したわけではないが、、の目指す方向と現物を試食したことで、木村さんのやっていることの価値を見つけたようだった。山本さんも独自の有機リンゴの将来を語り始めた。

木村さんの最初の印象は緊張していた感じがあったが、自らの農業を語り始めると一回りも二回りも大きく見えた。

今度じっくり話を聞いてみよう。そう思わせる魅力で私の頭ははちきれそうだった。もっとも会ったばかりで、まだ数百件のお客さんにリンゴを宅配する小さなリンゴ園のオヤジを見てくれだけで判断しようとする自分もいた。無肥料、無農薬の偉大さの理解はまだ先で、まずは木村さんの人間の魅力に引かれた部分が大きかった。

翌冬、二月に弘前を再訪。岩木町の木村さんの家を訪ね、日経の文化欄に「自然が育てた夢のリンゴ」のよみものの掲載をお願いした。

あのころ、まだ下のほうには歯が残り、黒ぶちの眼鏡の顔は青年の面影を残していた。最近は、娘さんに言われるように「インドのガンジー」に似てきた。二〇〇九年十一月八日には還暦を迎えた。

有名人になったはいいが、家にも畑にも訪ねてくる人の洪水にもみくちゃにされ、自分の時間も自由も失った。木村さん一家の環境は激変した。

リンゴを起源にした自然栽培を世界に普及するため命を削って指導行脚する姿は、ちょっと痛々しい。それでも不平一つ言わず、だれをも許し、仲間となる。あの糸車を回す歯のない非暴力のガンジーそのものではないか。

工藤憲雄
（元日本経済新聞社編集委員）

木村秋則　きむら・あきのり

農家。1949年、青森県中津軽郡岩木町（現、弘前市）生まれ。弘前実業高校卒。川崎市のメーカーに集団就職するが、1年半で退職。71年より故郷に戻り、リンゴ栽培を中心とした農業に従事。農薬で家族が健康を害したことをきっかけに、78年頃から無農薬・無肥料栽培を模索。10年近く収穫ゼロになるなど苦難の道を歩みながら、ついに完全無農薬・無肥料のリンゴ栽培に成功する。現在、リンゴ栽培のかたわら、日本全国、海外で農業指導を続けている。

日経プレミアシリーズ｜363

リンゴの花《はな》が咲《さ》いたあと

二〇一七年一二月八日　一刷

著者　木村秋則

発行者　金子 豊

発行所　日本経済新聞出版社
http://www.nikkeibook.com/
東京都千代田区大手町一―三―七　〒一〇〇―八〇六六
電話（〇三）三二七〇―〇二五一（代）

装幀　ベターデイズ

組版　マーリンクレイン

印刷・製本　凸版印刷株式会社

ISBN 978-4-532-26363-8　Printed in Japan

日経プレミアシリーズ 046

リンゴが教えてくれたこと

木村秋則

自然には何一つ無駄なものはない。私は自然が喜ぶようにお世話をしているだけです――。絶対不可能と言われたリンゴの無農薬・無肥料栽培を成功させ、一躍時の人になった農業家が、「奇跡のリンゴ」が実るまでの苦難、独自の自然観、コメや野菜への展開を語るとともに、農薬と肥料に依存する農のあり方に警鐘を鳴らす。

日経プレミアシリーズ 177

昆布と日本人

奥井 隆

明治維新で倒幕資金の源になった、山の養分で味が決まる、ヴィンテージの仕組みはワインと同じ……。知っているようで、意外に知らない「母なる海産物」の魅力・秘密の数々。創業140年を誇る昆布商の主人が歴史から、「うま味」の本質、おいしい食べ方まで、昆布の興味深い話をていねいに伝えます。

日経プレミアシリーズ 084

ほんとの野菜は緑が薄い

河名秀郎

有機マークが付いていれば農薬の心配はないのか、「無添加」表示があれば安全なのか。数ある情報の中からほんものを見分けるためには？　農薬も肥料も使わない「自然栽培野菜」の普及に携わり続けた著者が語る、食を取り巻く衝撃の事実。そして、自然の野菜に学ぶ真のナチュラルライフ、心地のいい暮らし方とは？

日経プレミアシリーズ 098

アメリカ人はなぜ肥るのか

猪瀬聖

重すぎて搬送できない救急患者、肥満の若者が増え、新兵確保に苦労する軍隊、太り過ぎで飛行機の搭乗を拒否されたハリウッド・セレブ――。国民の3人に2人が肥満か太り気味と診断される異常事態は、日本にとっても対岸の火事ではない。元ロサンゼルス駐在記者が、アメリカ人の信じがたい食生活と、肥満を余儀なくされる社会構造に迫る。

日経プレミアシリーズ 038

よく笑う人はなぜ健康なのか

伊藤一輔

「笑う門には福来る」って本当？　吉本興業のお笑いを見たらガン細胞を攻撃するＮＫ細胞が動き出した。落語を聞いたら関節リウマチの炎症が和らいだ――。笑いの健康効果に着目するドクターが、数々の実験、臨床例を紹介しながら人の心と身体の謎に迫る。

日経プレミアシリーズ 286

カラダにいい！がカラダを壊す

亀田圭一

ランニング、筋トレに体幹トレーニング、ストレッチ……「健康によさそう」と始めたエクササイズが、実はカラダをおかしくしている！　第一線のコンディショニングトレーナーが、身体の仕組みを解剖学のレベルからわかりやすく説きながら、あるべきカラダとのつきあい方を教えます。

日経プレミアシリーズ299

日本酒テイスティング

北原康行

日本酒選びで、「風味の違いはなんだろう」と迷った経験はありませんか。でも本書を読めば大丈夫。エリア（どこで醸されたか）とタイプ（どんな種類か）だけ見ればいいのです。唎き酒世界一に輝いたソムリエが、厳選26銘柄をテイスティング。そのコメントを読むだけで、誰でも味をイメージできるようになる、革命的な日本酒入門書が誕生しました。

日経プレミアシリーズ310

ビールはゆっくり飲みなさい

藤原ヒロユキ

海外では健康志向・本格志向の高い人ほどビール派になっている？——スーパーでも身近に買えるようになった〝クラフトビール〟の選び方や料理との合わせ方（ペアリング）から、いつものあの銘柄を10倍美味しく飲むための注ぎ方、保管方法、グラスの選び方、そして味わい方まで、第一人者がビール術を語り尽くす！

日経プレミアシリーズ271

男と女のワイン術

伊藤博之・柴田さなえ

スーパーで赤を買うなら断然、ボルドーのメルロー。白なら生産年の若いものがいい——ワインを知り尽くすソムリエ兼店主とフードライターが、家飲みワインのお勧め品から、飲食店でのオーダーの仕方、料理との合わせ方、ラベル買いで失敗しないヒントまで語り尽くす、何より実用的なワイン選びのための1冊。

日経プレミアシリーズ 298

資本主義がわかる本棚

水野和夫

文学、社会学、哲学、宗教、科学史……幅広いジャンルの本を読んでいくと、あるときふと、点と点がつながって、一つのテーマが浮かび、形になる。ブローデル『地中海』、シュミット『政治神学』からピケティ『21世紀の資本』まで、「資本主義の終焉」を唱える著者が、53冊の書評から、グローバル資本主義の命運を占う。

日経プレミアシリーズ 340

不動産格差

長嶋 修

アベノミクスや東京五輪の恩恵を受ける物件はほんの一握り。大半の不動産は下がり続け、全国の空き家比率は3割に向かう。あなたのマイホームや両親の家は大丈夫ですか?――。人口減、超高齢化時代における住宅・不動産の見極め方、つきあい方を教えます。

日経プレミアシリーズ 346

今そこにあるバブル

滝田洋一

長引くデフレの先に待っているのは、再びのバブルなのか? タワーマンションやアパート投資に向かう節税マネー、訪日客人気で過熱する大阪ミナミの地価、半年で3倍になったビットコイン相場――。不動産から、ドットコム銘柄、AIまで、日経編集委員が新たなバブル現象を読み解く。